住宅空间常用尺寸手册

金涤菲　著

江苏凤凰科学技术出版社·南京

图书在版编目（CIP）数据

住宅空间常用尺寸手册 / 金涤菲著 . -- 南京 ：江
苏凤凰科学技术出版社 ，2024.5
ISBN 978-7-5713-4341-5

Ⅰ . ①住… Ⅱ . ①金… Ⅲ . ①住宅－室内装饰设计－
手册 Ⅳ . ① TU241-62

中国国家版本馆 CIP 数据核字 (2024) 第 074336 号

住宅空间常用尺寸手册

著　　　者	金涤菲
项 目 策 划	凤凰空间/褚雅玲
责 任 编 辑	赵　研　刘屹立
特 约 编 辑	褚雅玲

出 版 发 行	江苏凤凰科学技术出版社
出版社地址	南京市湖南路 1 号 A 楼，邮编：210009
出版社网址	http://www.pspress.cn
总 经 销	天津凤凰空间文化传媒有限公司
总经销网址	http://www.ifengspace.cn
印　　　刷	河北京诚乾印刷有限公司

开　　　本	889 mm×1 194 mm　1 / 32
印　　　张	6
字　　　数	100 000
版　　　次	2024 年 5 月第 1 版
印　　　次	2024 年 5 月第 1 次印刷

标 准 书 号	ISBN 978-7-5713-4341-5
定　　　价	58.00 元

图书如有印装质量问题，可随时向销售部调换（电话：022-87893668）。

目录

　　讨论家的尺寸非常重要。

　　无论是专业的设计人员，还是正在准备装修家的业主，只有了解家中各类物品的摆放和收纳方式，以及各种活动空间的基本尺寸和选择尺寸的逻辑，才能在家居规划和布局方面有据可依并作出合理的决策。这是确保我们在家中的生活能够更加舒适和便捷的基本要求。

家与尺寸

尺寸保证了基本的空间尺度

　　了解与人体工程学相关的尺寸，可以确保在空间规划、布局安排和选择布置家具时，能够设计出适合各种行动所需的最小空间，这对维持正常的家庭生活至关重要。比如，在人体工程学中，男性、女性在站立和举起手臂站立时，对空间尺寸的基本要求是不同的。

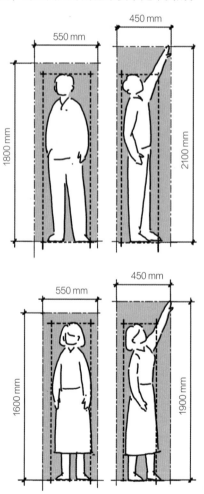

尺寸提供了数据指导

　　从设计者的角度来说，了解家庭设施、水电点位和收纳柜体所需尺寸的选定原理，可以提供常规数据的指导。这些常规数据已经过无数实际工程验证，适用于大部分家庭。可以说，从尺寸的常规数据开始考虑设计方案是一个相对合理的选择。如下图所示，卫生间、衣柜和厨房的尺寸便为常规数据。

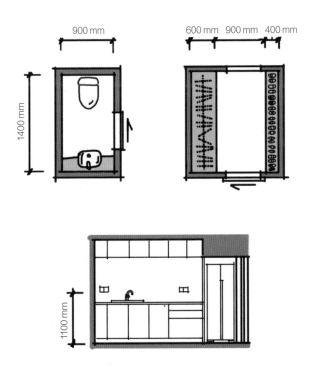

　　从居住者的角度来说，这些尺寸的常规数据及其背后的逻辑可以为家庭装修提供参考，帮助他们作出明智的判断。如果想要进行非常规的设计，那么了解尺寸的相关知识可以帮助你更合理地进行个性化的定制。可见，这些尺寸数据和它们背后的逻辑在家居设计中至关重要。例如，衣柜的宽度是由衣服的宽度来决定的，走道的宽度是由人的通行需求尺寸来决定的。这些就是常规尺寸数据背后的逻辑，其他家居尺寸也是这样判断的。

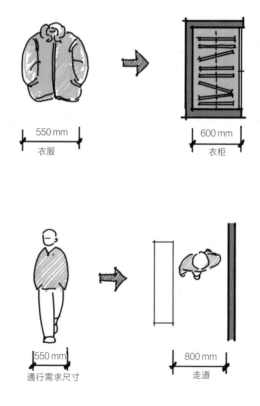

尺寸帮助选择家具

　　掌握了各种尺寸的逻辑，便可以快速计算出所需家具的尺寸范围，从而更加高效、快捷地筛选出适合自己生活空间的家具。也就是说，根据房间的尺寸可以确定房间布局的尺寸，进而确定所需家具的尺寸。

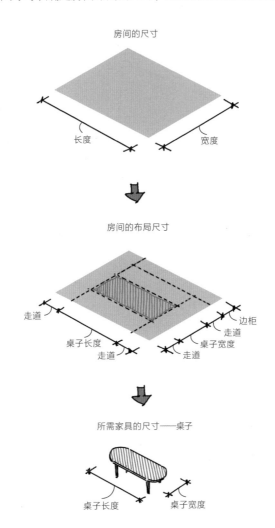

房间的尺寸

长度　　宽度

房间的布局尺寸

走道　　边柜
桌子长度　　走道
走道　　桌子宽度
走道

所需家具的尺寸——桌子

桌子长度　　桌子宽度

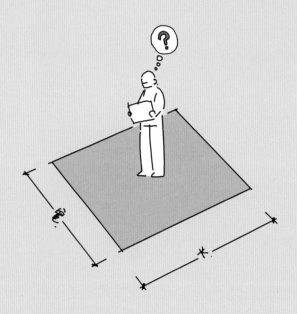

　　在谈论和介绍每个生活空间的细节尺寸之前，我们还应该了解一些关于家的尺寸的基本通识。

　　这些通识可以帮助我们更深入地理解尺寸在家居中扮演的角色，以及作为最终受益者的我们又该如何遵守或超越这些规则。只有理解了尺寸背后的逻辑，我们才能利用好它们，从而打造更好、更舒适的生活空间。

关于尺寸的通识

2.1 家的衡量标准

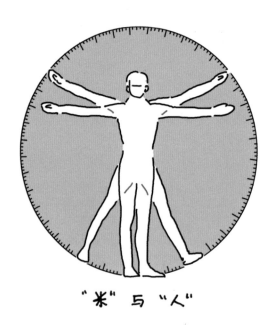

"米"与"人"

家的衡量标准有两种：客观的测量单位，即"米"；更注重主观感受的测量标准，即"人"。这两者在家庭空间尺寸的衡量中都必不可少。我们以人在空间中的使用感受为出发点，以真实的客观数据为参考，将两者结合起来，指导我们进行家的设计。

注：插画是达·芬奇根据古罗马著名建筑学者维特鲁威在《建筑十书》中的描述，绘出的完美比例的人体。维特鲁威利用人体尺度来衡量建筑的尺度和美感。

客观的测量单位：米

尺寸的度量单位，我们最熟悉的是米（m）、厘米（cm）和毫米（mm）。所有的住房、家具和电器的规格，都是以测量数据结合这些度量单位的形式提供给我们的。

▼ 明确不同对象所使用的度量单位

需要注意的是，一定要明确和你沟通的人具体使用的度量单位是哪个。比如，施工队的工人可能会用厘米，而室内设计师和建筑设计师则通常会根据谈论对象的规模在米和毫米之间切换。此外，家具和家电规格表中会同时有厘米和毫米等单位。

作为家的主人，要明确对方到底在使用哪种度量单位跟我们沟通。千万不要小看这个细节，有时候稍有疏忽就会导致巨大的错误。因此，在沟通时不要怕麻烦，一定要确定彼此使用的度量单位。

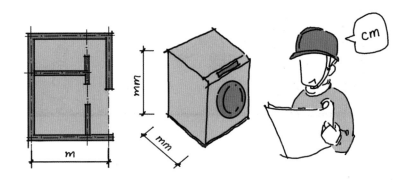

主观的测量标准：人

测量一个家，最需要考量的是人的身体尺寸。作为家的使用者，我们的身体就是最好的"尺"。比如，多宽的走道才能够让人顺利通过，多高的台面使用时才不会感到不适，多宽的沙发才能让全家人都坐得下，等等，这些问题的答案其实就和人本身的尺寸有关。

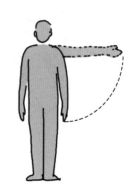

▼ 人的标准，来自使用者自身身形和行动的尺寸

我们经常听到的"人体工程学"，就是用人体自身身形和行动的尺寸来衡量所有与人相关的物品及空间的尺寸。因此，在规划和设计一个家时，我们更应关注的是人的标准，即一切设计都应把使用者的体验和感受作为根本。

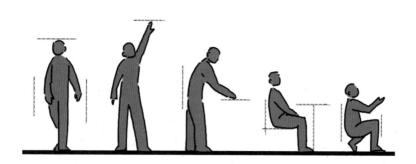

2.2 三维空间中不同面的尺寸

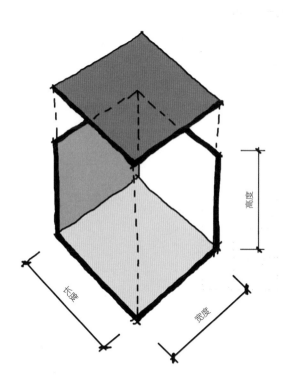

在三维空间中，尺寸有 3 个坐标轴，两两组合成 3 种不同的面。用于空间结构图中，即平面图、立面图和剖面图。

平面图、立面图和剖面图的尺寸

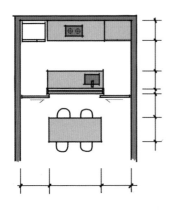

◀ 平面图

诸如隔墙的位置、家具的位置、橱柜的尺寸和门窗的宽度等，都是先在平面图上进行规划和布置的。

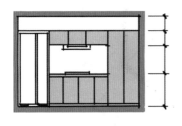

◀ 立面图

橱柜布局、收纳空间大小、开关位置、桌面高度等，各项数据需要与我们的身高及臂长相匹配，才能方便使用。而装饰视觉元素、划分墙面等也需要从立面的角度进行考量。

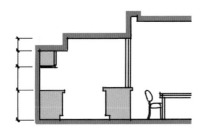

◀ 剖面图

从剖面来看，不同的高度会带给我们不同的感受。有的空间、柜体需要高一些，有的空间、柜体矮一点效果才更好。

2.3 墙厚、面层与净尺寸

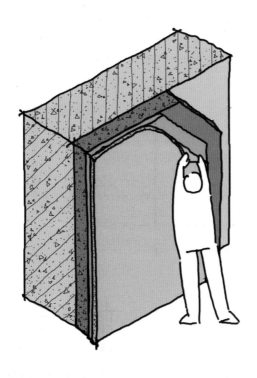

　　因为墙体厚度和面层被掩藏在基础工程里，所以会被许多不了解建筑工程的人忽略。一旦其中存在某些误差，便会影响到我们最终的设计效果。

基线与墙面

如下图所示，一般我们看到的建筑平面图中标注的尺寸都是轴线（即图示中的点划线）之间的距离，是将墙壁厚度也包括在内的尺寸。

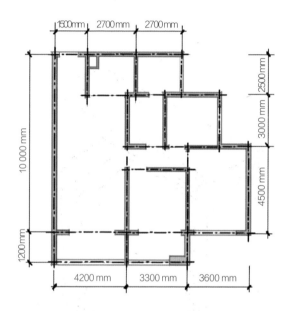

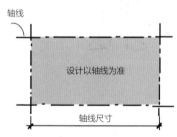

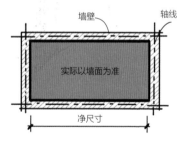

▲ 轴线间的尺寸

建筑设计虽以轴线为准进行尺寸标注和面积计算，但实际上房间的尺寸是需要扣除墙壁厚度和楼板厚度的。

▲ 净尺寸

轴线间的尺寸减去墙壁厚度和楼板厚度之后，就是空间真正的尺寸，即净尺寸。

墙面与面层

当我们开始进行室内装修工程时，会采用各种饰面材料，比如涂料、装饰面板、瓷砖等，而这些材料的铺设又会增加一定的厚度。

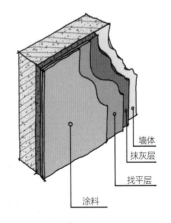

墙体
抹灰层
找平层
涂料

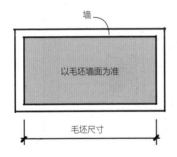

墙

以毛坯墙面为准

毛坯尺寸

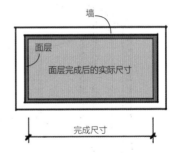

墙

面层

面层完成后的实际尺寸

完成尺寸

▲ **毛坯房的净尺寸**

设计前所测量的空间尺寸，就是毛坯房的净尺寸。而在装修的过程中，伴随着各类面层的铺设及其内部可能埋设的设备管线，房屋的尺寸会被进一步压缩。对于面积较大的空间来说，面层的厚度影响不大；但对于面积有限的空间来说，这些尺寸的影响可能会导致出现家具放不进去的情况。

▲ **装修后的净尺寸**

当所有的墙面、吊顶、地板的面层工作都完成后，我们就可以测量出房间最终的净尺寸了。这个尺寸是我们定制家具或购买单品家具的真正依据。由于关系到实际居住的体验，因此，装修后的净尺寸才是业主最应该关注的尺寸。

2.4 通用尺寸

　　在室内设计中，有几类尺寸可以在大部分住宅空间的设计和规划中通用。了解它们，便可以掌握各个房间布局、布置的第一步。

2.4.1 剖面与净高

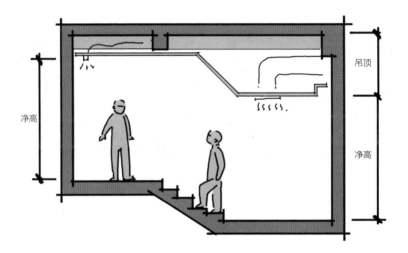

尺寸在空间中有不同的坐标，平面上的长度和宽度可以直观地从平面图上看出，而空间的高度则需要对剖面进行理解和掌握。

优秀的设计师十分注重剖面的设计，因为它关系到吊顶内部设备的走线布局、天花板的高度、天花板下方空间的高度，以及地面面层材料的厚度等一系列具体问题，这会对施工做法、设备选型和空间设计的整合和决策产生影响。

只有综合考虑多个方面，得到一个合理的剖面之后，做出的设计才能让生活在其中的居住者感到舒适，同时让那些掩藏在看不到的空间里的设备正常运行。

剖面图：空间的"切面"

在家居空间中，与我们生活息息相关的是空间的净高。剖面图是可以清楚地看到房间净高、相关施工做法和设备空间的图纸，就像是对居住空间内部拍了一张 X 光片，让我们能一目了然地看到房子里的结构和状态。

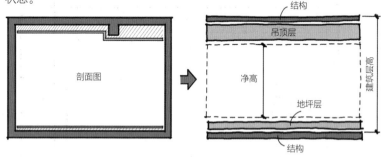

净高 = 建筑层高 − 上层结构厚度 − 吊顶层厚度 − 地坪层厚度

吊顶层、地坪层内部设备管线及施工做法都会影响房间的净高。

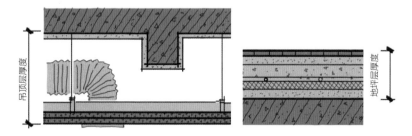

住宅空间里有些常规做法，比如：吊顶层内有空调等设备时，厚度最小为 300 mm；做隐藏照明灯具时，吊顶层厚度最小为 100 mm；地坪层厚度通常为 50 ~ 100 mm。对于大部分商品房而言，建筑的基本层高已经固定，室内设计师、施工团队以及居住者只能调整和控制吊顶层与地坪层的厚度。而别墅或自建房，在有条件的情况下则可以对建筑层高进行调整。

不同净高带来的空间体验

对于居住者而言，了解剖面图的概念后，需要关注的是生活空间的净高，这决定了在其中的空间体验。

▼ 不同房间的净高

不同的房间和区域应选取不同的净高，以实现丰富又合理的空间感受和体验。客厅、卧室作为面积最大的核心活动空间，理应享有最高的净高；由于厨房面积不大，餐厅又往往是坐下用餐的，因此净高可以比客厅略低；储藏室、衣帽间、卫生间等空间面积相对较小，且不会长时间使用，可以设置为最低的净高。

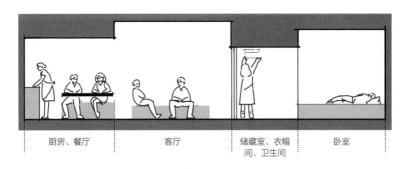

| 厨房、餐厅 | 客厅 | 储藏室、衣帽间、卫生间 | 卧室 |

◀ 交错的净高，空间的乐趣

在别墅、自建房等面积较大的住宅中，往往可以体验到更高的净高，一般在 5000 ~ 6000 mm。这时可以利用净高的优势在局部打造夹层。这样做，一方面可以有效地利用房间的高度，创造更多的可用空间，另一方面还可以制造出富有变化和趣味的空间体验。

▶ 净高不是越高越好

正如前文提到的，家的尺寸标准从根本上要以人的尺度和感受为基准。如果房间的净高过高，会给人一种空旷的感觉，从而失去家的温馨感和安全感。同时，在布置家具时，也会感觉上方的空间被浪费了。一般来说，舒适的家居空间净高为 2400 ~ 3000 mm。

▼ 适宜的净高标准

以下的净高标准是无数设计师和众多家庭在实践中得出的通用尺寸。除非家中有特殊情况，否则不必一味地追求过高的净高，适度的空间高度可以从物理层面和精神层面带给居住者更加良好的感受。

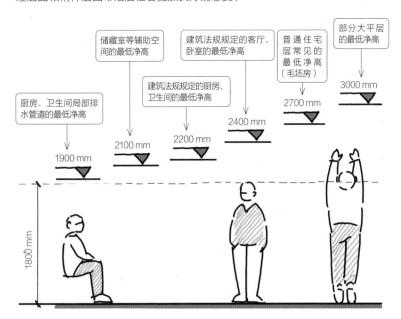

储藏室等辅助空间的最低净高

建筑法规规定的客厅、卧室的最低净高

普通住宅层常见的最低净高（毛坯房）

部分大平层的最低净高 3000 mm

建筑法规规定的厨房、卫生间的最低净高

厨房、卫生间局部排水管道的最低净高

1900 mm   2100 mm   2200 mm   2400 mm   2700 mm

1800 mm

2.4.2 通行的宽度

关于通行的一切

通行空间在我们的住宅中随处可见，并且扮演着重要的角色。它不仅包括连通各个房间的走廊，还有连通柜子和柜子之间的走道、橱柜和岛台之间的走道、床和墙之间的走道等。只要是我们从其中走过的空间，就是通行空间。

尽管如此，我们还是希望通行空间不要过宽，尤其是那些仅仅用于通行功能的空间。因此，一个好的通行空间设计，既需要考虑方便居住者顺畅地行走，还需要考虑更为经济合理的通行宽度，把更多的空间用在我们更重视的功能上！

影响通行宽度的因素：界面

通行空间两侧的界面形式，会影响通行所需的最小宽度。

▼ 走廊

走廊两侧都是高于人体的实体，比如墙壁、柜子等，会对我们的身体动作有所阻挡。

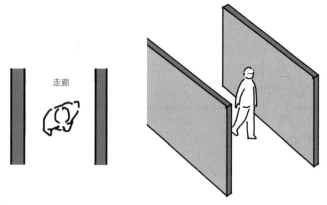

▼ 走道

有两种情况：一种是走道一侧是比人高的墙壁或家具等实体，另一侧是不到半人高的家具或其他仅能阻挡脚步的物件；另一种是两侧都是不到半人高的家具或物件。

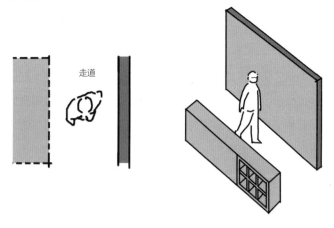

走廊的宽度

▼ 走廊的最小宽度

在家居空间中，普通的走廊宽度至少要达到 1000 mm。一方面可以满足一个人行走、另一个人侧立避让的需求，另一方面也是封闭式走廊或狭窄空间较为舒适的尺寸。针对小户型或走廊长度不长的情况，可以按照 1000 mm 的净宽来设计；如果走廊长度较长，那么宽度可以设置为 1100 ~ 1200 mm。

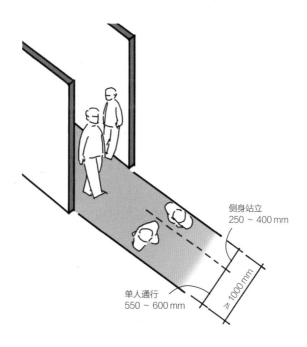

侧身站立
250 ~ 400 mm

单人通行
550 ~ 600 mm

≥ 1000 mm

有些住宅在建筑设计的层面就会提供一些过宽的走廊，其宽度一般不小于 1200 mm。如果无法改变格局，那么这样的空间显然不应该只作为走廊，而是可以为其增加一些新的功能。

注：图中所标注的都是使用空间的极限尺寸，当功能叠加时，要尽可能考虑预留一些空间。

▼ 过宽的走廊也不要浪费

给走廊添加新功能是提升其空间利用率的最佳方法，但是要注意，增加功能后必须保留 1000 mm 的走廊宽度。

可将现有的走廊宽度减去 1000 mm，看看剩下的空间宽度能够设置哪些功能。100 ~ 200 mm 的空间宽度可以设置杂志架，用于展示画册、装饰画、收藏品、唱片等；300 ~ 350 mm 的空间宽度可以放置书架或书柜；400 mm 以上的空间宽度可以设置有收纳功能的边柜，如果不需要过多的收纳空间，还可以选择长椅搭配绿植的方式来装饰空间。

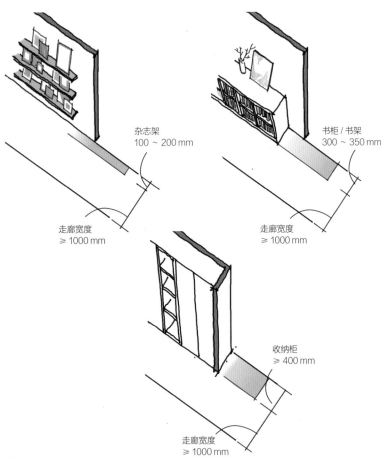

杂志架
100 ~ 200 mm

走廊宽度
≥ 1000 mm

书柜 / 书架
300 ~ 350 mm

走廊宽度
≥ 1000 mm

收纳柜
≥ 400 mm

走廊宽度
≥ 1000 mm

走道的宽度

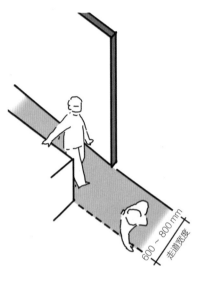

600 ~ 800 mm 走道宽度

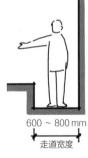

600 ~ 800 mm

走道宽度

◀ **走道的正常宽度**

由于走道至少有一侧是上方开敞的通行空间，因此宽度比走廊要小一些。600 mm 是标准的走道宽度，而宽 800 mm 的走道则更为舒适。

≥ 450 mm

走道最小宽度

◀ **走道特殊情况下的最小宽度**

在一些特殊情况下，由于一侧的上方不会阻碍身体，只要考虑脚步通过即可，因此走道最小宽度可以做到 450 mm。但是这样的宽度行走起来不太舒适，只建议在特殊情况下参考这个数据。

▼ 走道一侧有功能界面的情况

如果走道侧面的家具有柜门打开或抽屉拉出的情况，那么走道的宽度需要在 600 mm 通行宽度的基础上，再加上对应功能所需要的空间深度或宽度。

柜门打开或抽屉拉出所需的空间

≥ 600 mm

2.4.3 门洞的尺寸

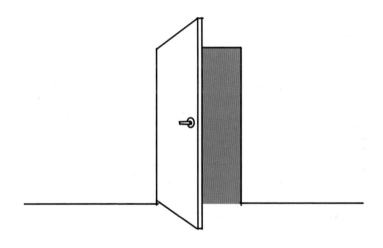

　　门洞的尺寸不仅决定了通行是否便利、视觉是否美观，还会影响墙面的利用率。过窄的门洞不方便使用，过宽的门洞可能会影响房间布局。此外，门的开启方式会影响门洞可通行的宽度。

　　有时候，一扇简单的门，也需要经过复杂的思考，才能作出决策！

门洞的宽度

▼ 不同情况下的门洞宽度

门洞的宽度通常由人的通行频率和进出时的状态决定。

对于极少使用或仅供检修用的门洞，最小宽度范围是 450 ~ 600 mm；卫生间、储藏室、衣帽间等进出不频繁的房间门洞，其宽度通常为 750 mm；根据国家规范，任何有无障碍设计的门洞宽度不应小于 800 mm；而使用和进出最多的居室，门洞宽度一般为 900 mm。

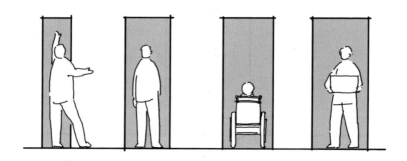

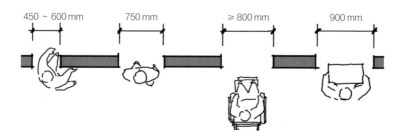

450 ~ 600 mm　　750 mm　　≥ 800 mm　　900 mm

▼ 推拉门需要考虑开启后的尺寸

由于推拉门的款式和安装方式不同，因此实际开启后的通道宽度有时会与门洞的大小不一致。比如，传统的双扇推拉门打开后，只有一扇门的宽度可用于通行。而三联动推拉门在大部分情况下，只有开启门洞的三分之二才可通过。

因此，在确定推拉门的开启形式前，需要计算和复核最终的安装方式，以确保基本的通行尺寸。无论是双扇推拉门还是三联动推拉门，通道宽度至少应保留 800 mm。

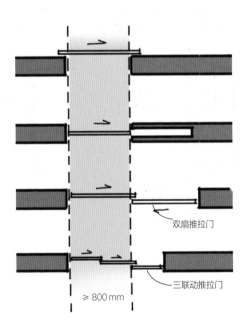

双扇推拉门

三联动推拉门

≥ 800 mm

门洞的高度

门洞的高度设置相对自由,常规门扇的高度为2100 mm和2400 mm。随着越来越多的家庭追求"一门到顶"的视觉效果,定制加高门扇的需求也越来越多。当然,这么做会大幅度提高门的造价,因此,若费用有限,则首先需要考虑是否坚持"一门到顶"的设计。

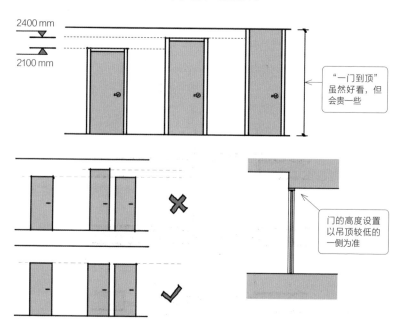

2400 mm
2100 mm

"一门到顶"虽然好看,但会贵一些

门的高度设置以吊顶较低的一侧为准

▲ 门的高度应彼此协调

从立面的视觉效果来讲,如果几扇门处于同一面墙和同一视野范围内,那么应尽量统一门的高度。如果采用不同高度的门,则需要在立面上使用一些设计手法来实现视觉平衡。

▲ 吊顶高度也会影响门的高度

门的高度会受到吊顶高度的影响。如果遇到门的内外空间净高不一致的情况,那么普通门的高度应以较低的一侧为准来设计。

2.4.4　楼梯和栏杆扶手

　　在复式、别墅或自建房等类型的住宅中，楼梯作为重要的通行空间，其尺寸的设计不仅会影响通行的便利性，还直接关系到上下行走的安全性。在设计楼梯时，要充分考虑踏步尺寸是否适合行走，同时也需要考虑上下相邻结构是否会导致人在行走时出现碰撞。另外还要考虑栏杆、栏板扶手的高度，尤其对于有小孩子的家庭来说，扶手的安全性更加需要注意。

　　因此，我们应该重视住宅内部楼梯的设计，追求美观、舒适和安全，从而实现最佳的设计效果。

直线楼梯、弧形楼梯、螺旋楼梯

住宅内部楼梯的形式多种多样，基本分为三类：直线楼梯、弧形楼梯和螺旋楼梯。

▼ **直线楼梯**

直线楼梯很常见，并且比较容易与房间或墙壁结合。根据楼梯段数的不同，直线楼梯可以分为常见的平行双跑楼梯、直行单跑楼梯，以及根据异型空间的墙面而设计的折行楼梯。

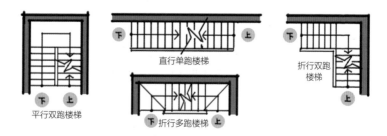

平行双跑楼梯　　直行单跑楼梯　　折行多跑楼梯　　折行双跑楼梯

▼ **弧形楼梯**

弧形楼梯的曲线轮廓更加具有美感和造型感，可以结合双跑楼梯，在楼梯的平台处作出弧形造型，作为住宅内部的垂直交通设施，既高效又有设计感。

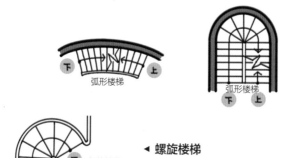

弧形楼梯　　弧形楼梯

◀ **螺旋楼梯**

螺旋楼梯本身占用面积较小，具有较强的装饰性和造型感。

螺旋楼梯

踏步的尺寸

楼梯踏步的尺寸会影响我们行走的舒适度。一般来说，人脚的长度为 250 mm 左右，与此相应，住宅内部楼梯踏步的宽度最小值为 220 mm，高度的最大值为 200 mm。

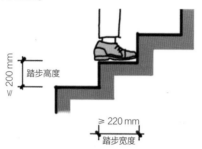

在以上数据的基础上，踏步的高度越小，宽度越大，整体越平缓，行走越容易，但相对来说也会占用更多空间。因此，需要根据自己家的实际状况来进行具体的设计。一般来说，较为舒适的踏步高度为 150 ~ 180 mm，踏步宽度则不应小于 260 mm。

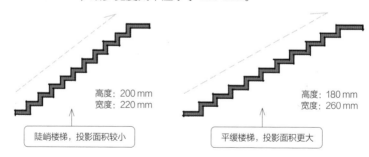

高度：200 mm
宽度：220 mm

陡峭楼梯，投影面积较小

高度：180 mm
宽度：260 mm

平缓楼梯，投影面积更大

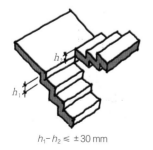

$h_1 - h_2 \leq \pm 30\,mm$

此外，每一段楼梯内的所有踏步高度应保持一致，相邻楼梯梯段的踏步高度差也尽量不要超过 30 mm。否则，高度不一致可能会导致人们上下楼梯时出现磕碰和摔跤的情况，这是安全方面不能忽略的细节。

楼梯的尺寸

● 楼梯的宽度

住宅内部楼梯宽度的最小值为 750 mm，这个宽度包含了扶手的厚度，并且可以满足一个人上下通行的最低需求。常见的单人通行的楼梯宽度为 900 mm，舒适的梯楼宽度推荐为 1100 ~ 1200 mm，这样的楼梯宽度可以供两人并行或交错通过。然而，需要注意的是，楼梯宽度越宽，意味着需要腾出越多的居室空间给楼梯，因此还是要根据自己家的具体情况作出取舍。

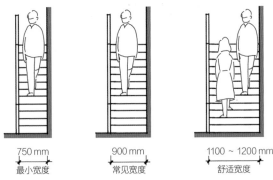

| 750 mm | 900 mm | 1100 ~ 1200 mm |
| 最小宽度 | 常见宽度 | 舒适宽度 |

如果想让楼梯拥有更多的视觉效果，那么楼梯的宽度需要优先考虑立面上的比例和尺寸。比如，优雅精致的螺旋楼梯，宽度与整体高度要形成合理的比例，才能带来优雅纤细的视觉感受；或者楼梯底层最后几个踏步的宽度可以设计得夸张一些，超越楼梯本身的宽度，甚至延伸至整个房间，结合其他元素进行设计。

● 楼梯的高度

　　为了避免上下楼梯时出现碰头的情况，楼梯平台的净高至少为2000 mm，上下踏步的净高至少为2200 mm。在进行踏步设计、改建或增设时，一定要注意这个问题。

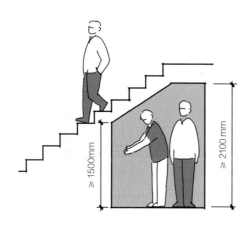

◀ 利用好楼梯下方的空间

　　通常情况下，楼梯下方的首层空间可用作卫生间、储藏室等辅助空间，那么，只要保留最基础的净高即可。尤其是台面、坐便器和收纳柜，可以设计得更低一些，在确保不撞头的前提下，尽可能地充分利用空间。

楼梯也有休息区

一段连续楼梯的踏步级数最多设置为 18 步。超过这个步数时，中间要设置休息平台，毕竟在家中没必要体验爬山的感觉。

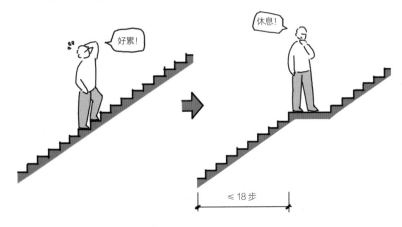

根据国家规范的要求，楼梯休息平台的最小进深（w_1）应该大于等于楼梯的梯段宽度（w_2）。

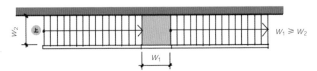

需要注意的是，计算休息平台的尺寸时，采用的是从墙面到楼梯栏杆扶手的距离（w_1）。因此，在楼梯栏杆扶手的设计和施工过程中，一定要注意保证正常的通行宽度。

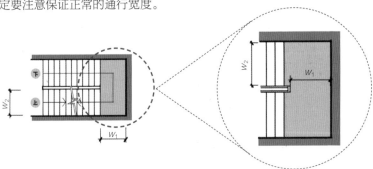

楼梯的护栏扶手

根据国家相关规范，楼梯的栏板和扶手高度有明确的安全标准。室内楼梯扶手自踏步前缘算起，高度不宜小于 900 mm。而靠近楼梯井一侧的水平扶手，当长度超过 500 mm 时，扶手的高度不应小于 1050 mm。

如果楼梯采用杆式扶手，那么还需要考虑家中有儿童时的安全情况。栏杆的垂直杆件间距不要大于 90 mm，以防止小朋友从护栏杆件的中间钻出去跌落。总之，在楼梯的设计中，安全永远是最重要的考量因素。

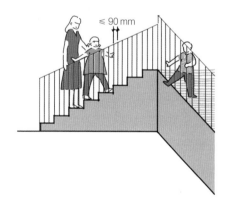

弧形楼梯有特殊要求

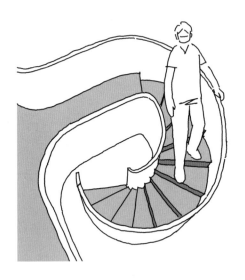

对于弧形楼梯，无论是普通弧形还是螺旋弧形，其弧形的踏步都是一个扇形，靠外侧的踏步较宽，靠内侧的踏步较窄。对于这种情况，有一个特殊的要求：踏步上，在与外侧扶手距离为 550 ~ 600 mm 范围内，宽度不应小于 220 mm（此范围内最小的踏步宽度）。这是为了确保即使踩踏在最窄的踏面上，人也能够安全落脚，不至于因踏空而造成危险。

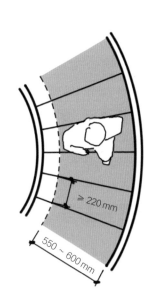

≥ 220 mm

550 ~ 600 mm

2.4.5 视线的范围

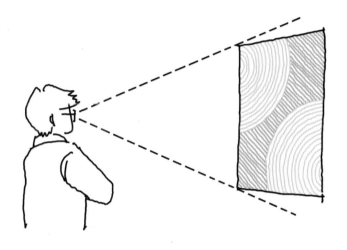

　　在室内设计中，视觉感受是一个隐性的设计因素。对于任何一个空间，我们视线范围内看到的一切，决定了我们对这个空间的感受。只要能做到有意识地通过设计引导视线，就可以潜移默化地影响人对空间的感受和记忆。

视线高度和视野范围

▼ 不同姿态的人的视线高度和视野范围

一般来说，我们的有效视野范围在视线高度上方 200 mm 至下方 400 mm 之间。

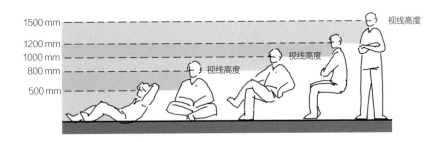

▼ 把装饰元素放在视野范围内

了解每个空间中人们会采用的动作和姿态，以及对应的视线高度和视野范围，就可以帮助我们在有效的视线范围内设置吸引目光的元素，比如装饰画、展示品、绿植、灯具、窗帘，以及周边墙面和柜体等。

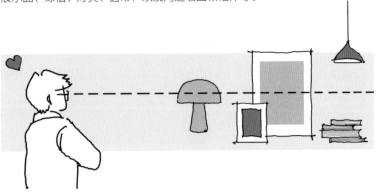

视线的牵引

除了让人第一时间看到以展示为目的的装饰品或收藏品，还有一种相反的设计技巧，即将一个与众不同的元素刻意布置在视野范围之外，以此吸引视线，使其产生一定程度的偏移。这种设计手法可以从一定程度上调节人们对空间的视觉感受。

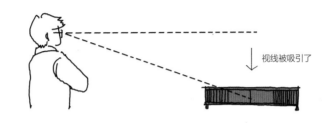

◀ **视线下移**

将视觉重点放在视线高度以下，可以产生一种稳定感，并让房间的空间高度显得比实际高一些。一般高度在 900 ~ 1200 mm 之间的家具、护墙板或墙面线条都可以很好地起到引导视线的作用。

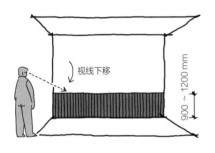

◀ **视线上移**

相反地，如果希望突出一个空间的高度感，就可以将视觉装饰元素设置在视线高度上方，这样视线就会向上移，视觉感受更强烈。不过这种设计手法对房间的层高有较高的要求，一般净高不小于 2700 mm 的空间使用这种设计手法，才可以保证效果。

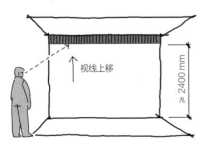

2.5 标准尺寸和灵活尺寸

　　在居住空间的规划和布局过程中，大多数情况，我们会以标准尺寸数据作为设计的依据。但在实际生活中，每个家庭和每个人的需求和状态都是各不相同的。那么，在定制生活空间时，如果没有标准数据可供参考，或者无法按照标准数据进行设计，那么理解尺寸背后的逻辑，就成了我们唯一的"标准"。在这种情况下，设计师就需要充分了解居住者的生活习惯和需求，并根据实际情况进行个性化的设计和布局。

当标准的尺寸失去指导意义

当我们想要在家里添置一件市面上很少见的装置或家具时，往往没有常规标准尺寸作依据。举个例子，给自家宠物定制的猫爬架、猫门，或是给自家孩子定制的游乐设施，又或是想要自己动手做一件市场上没有的家具等，这些都没有常规的标准尺寸。

在有限的空间，标准数据会带来局促

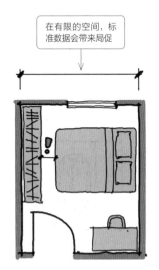

偶尔也会遇到一些特殊的情况，比如在有限的空间按照标准尺寸设计，有些功能便无法实现。对于需要这些功能的家庭和个人而言，是不是一定要依据标准尺寸设计而放弃所需的功能呢？这时，理解尺寸背后的逻辑而作出真正的私人定制，就变得难能可贵了。

理解尺寸背后的逻辑

▼ 观察和测量

测量居住者的身体尺寸，如身高、肩宽、臂展、腿长。观察使用者的习惯和动作，以及能爬多高、能通过多小的洞口、爱玩爬梯还是吊环等。以观察和测量的结果作为尺寸设计的指导数据，就可以生成一套独一无二的尺寸系统。

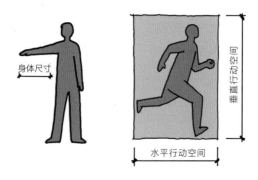

▼ 所容纳的物品是尺寸的根本

追求极限尺寸的前提是，一定要精确考虑收纳物品的尺寸、使用者的身体尺寸和动作尺寸，以及收纳物品的方式。将这些因素综合考虑，才能得出最经济且最合理的空间尺寸。因此，为什么说小空间更难设计，就是这样的道理，一切都是私人定制。

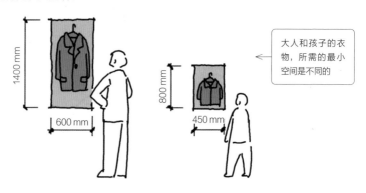

大人和孩子的衣物，所需的最小空间是不同的

2.6 尺寸的美学

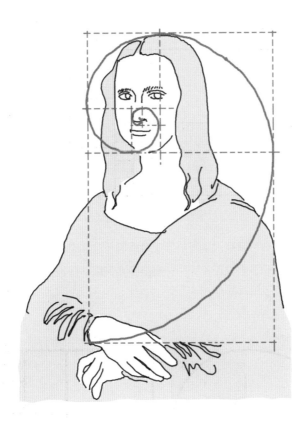

　　适宜的比例和尺寸可以打造出视觉上的美感。虽然美是主观的感受，但是客观的尺寸数据通过合理的搭配和组合，也能带给我们愉悦的感受。

　　在追求尺寸实用性的同时，我们也可以考虑一下美学方面的观赏性。

模数：重复和组合

如果小尺寸和大尺寸之间存在一定的比例关系，并且有固定的换算方式，就可以形成模数关系。如下图所示，通过看似简单的重复和变化，各种拥有模数关系的尺寸组合便能自然而然和谐相处。

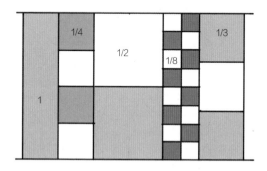

最出名的模数组合莫过于自然界中最美的黄金比例和国标纸张尺寸所采用的白银比例。在立面设计中，有很多实例以这些经典的比例关系为灵感和出发点来进行设计。

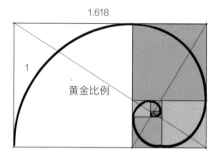

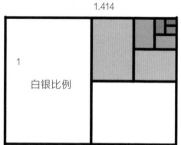

韵律：均匀与变化

在立面图中，我们可以看到各种形式，比如柜门、开放格、抽屉、饰面板等。它们划分出一定的尺寸，而这些尺寸经过组合会带来一定的设计效果。

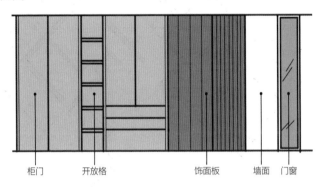

柜门　　　开放格　　　　　　饰面板　　墙面　门窗

▼ 重复产生的韵律感

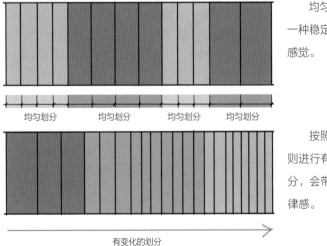

均匀划分给人一种稳定而和谐的感觉。

均匀划分　　均匀划分　　均匀划分　　均匀划分

按照一定的规则进行有变化的划分，会带来一种韵律感。

有变化的划分

这里没有标准的尺寸数据来规范和限制我们的设计。无论是被分隔区域的尺寸，还是分隔线条本身的尺寸，都依赖于设计师对生活的观察、对美学的理解，以及对比例尺度的把握。

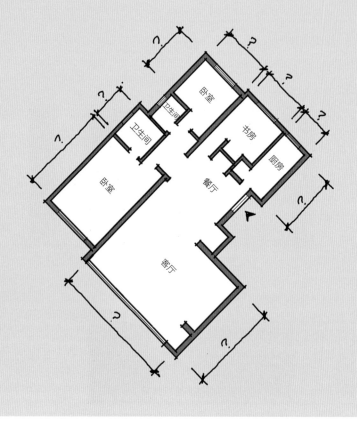

　　每个房间里的尺寸都可以从 4 个方面来理解和掌握：一、家具本身的尺寸；二、人围绕家具进行的各种活动所需的空间尺寸；三、特定收纳物品所需的尺寸；四、立面图上各类设施的常见位置和尺寸。

　　了解这些基本的数据，就可以对房间的布局进行规划和复核。应尊重科学的尺寸数据，并根据实际的空间需求采用适宜的尺寸，从而确保房间的不同功能可以更好地实现。

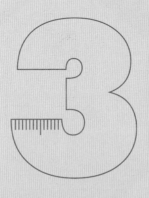

八大家居空间的尺寸设计

3.1 玄关

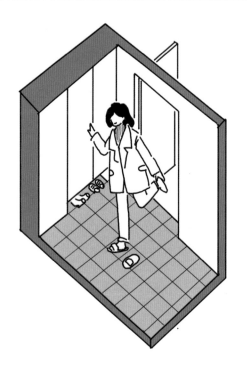

　　玄关是连通入户门和居室的空间。通过玄关，才算是真正回到了家。因此，玄关承载了两个层面的功能：物理层面，这里是出门和回家的换鞋空间，需要有进行相应动作的空间，同时为了整洁和干净，充足的收纳空间也是好的玄关应该提供的；精神层面，玄关作为内和外的交界，形成了一个缓冲区域，可以对外来的视线起到隔离和遮蔽的作用，充分保护居住者的隐私，让回家的每一刻都充满温馨和仪式感。

　　要满足上述所有功能设施和行动空间的尺寸需求，就需要我们对数据加以考虑、衡量和取舍。

玄关的核心——收纳

玄关的收纳能力取决于收纳柜的容量,而收纳柜的长度会受到原始户型的限制和影响。因此,在总长度确定的情况下,如何获得高效的收纳空间,更多地取决于柜体的深度。

▶ 鞋子的深度决定了玄关柜的深度

大多数情况下,因为玄关柜主要收纳的物品是鞋子,所以鞋子的尺寸和收纳方法决定了玄关柜的深度。

标准鞋柜的深度为 350 mm(最小深度),可以以鞋尖向内的方式平放下大部分的鞋子,这是最高效的尺寸。

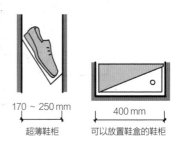

330 mm
45 码鞋子

350 mm
标准鞋柜

▶ 不同鞋柜深度选择

如果采用斜放或横放的收纳方式,超薄鞋柜深度可以做到 170 ~ 250 mm。不过,这样的鞋柜收纳能力十分有限,除非玄关空间特别小,否则不要轻易选择这样的超薄鞋柜。

当鞋柜深度做到 400 mm 时,便可以放下鞋盒或专门收纳鞋子的收纳盒。

170 ~ 250 mm
超薄鞋柜

400 mm
可以放置鞋盒的鞋柜

对于和衣柜同样深度的鞋柜,内部空间可用普通水平搁板打造。若能用斜板打造,便可以同时放置两双鞋子,又因为斜面朝向使用者,所以还可以做到方便选择和取放鞋子。

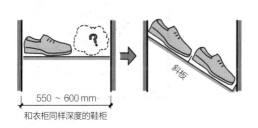

550 ~ 600 mm
和衣柜同样深度的鞋柜

斜板

玄关的留白——走道

玄关走道空间的尺寸必须要保证，不要让进出家门的居住者和随身携带的物品拥堵在这里。因此，玄关走道的尺寸不能采用普通走道的标准，而是应该更宽一些。

▼ 玄关走道的宽度要保证居住者的行动不受阻碍

日常换鞋的动作一般是蹲姿或站姿，考虑到前方要留下一些弯腰的空间和换鞋凳的空间，一般这个走道的宽度以 1200 mm 为宜。同时，1200 mm 的走道宽度也能够满足一个人侧身站立和另一人通过的空间需求。

≥ 1200 mm

≥ 1200 mm

▶ 玄关走道的宽度要提供搬运空间

作为进入室内的过渡空间，大件家具和物品的搬运移动也需要至少 1200 mm 的走道宽度。

≥ 1200 mm

玄关的布局与空间尺寸

● 隔墙围合出的玄关布局

玄关的布局取决于原始户型的状态。玄关的空间尺寸是固定的，如果以入户门与墙之间和入户门与居室之间的最小走道宽度来反推鞋柜的深度，那么 1600 mm 以上的净宽可以放下标准深度 350 ~ 400 mm 的鞋柜。因此，玄关空间中，在净宽 1600 mm 以上的那个墙面的垂直墙面上打造鞋柜，是比较好的选择。

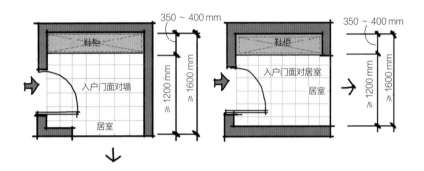

▶ 入户门面对鞋柜

一开门就面对鞋柜的布局，需要走廊的宽度略宽，这样才能减少拥挤和压迫的感觉。如果鞋柜是半人高度以下的设计，那么走廊宽度最小为 1200 mm；如果采用满墙通高的整体定制收纳柜，走廊宽度推荐最小为 1500 mm，这样会比较舒适，而且不会让人感到压抑。

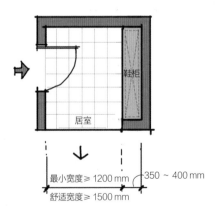

● **装修后的玄关布局**

如果原始户型没有设计专门的玄关区域，那么可以在装修时通过隔断、鞋柜或其他家具围合出这个空间。这种玄关的走道和鞋柜的尺寸依然可以参照前文中相关数据。

不过需要注意和取舍的是，新加的玄关空间是否会占用太多居室空间。这个玄关毕竟是后期新围合出来的空间，或许会影响到原始的布局。

▼ **布局一：入户门面对鞋柜和居室**　　▼ **布局二：入户门面对鞋柜**

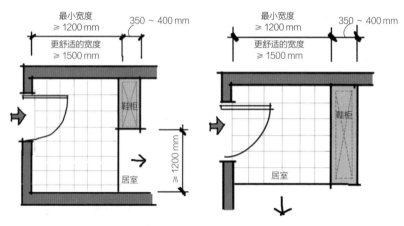

▼ **布局三：入户门面对居室**

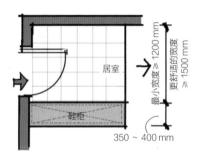

玄关柜的收纳尺寸：鞋柜

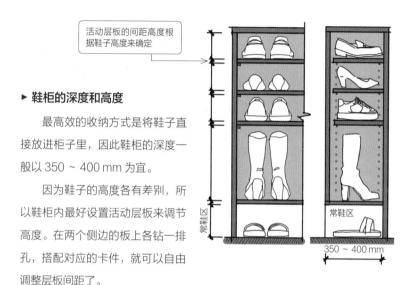

活动层板的间距高度根据鞋子高度来确定

▶ 鞋柜的深度和高度

　　最高效的收纳方式是将鞋子直接放进柜子里，因此鞋柜的深度一般以 350 ～ 400 mm 为宜。

　　因为鞋子的高度各有差别，所以鞋柜内最好设置活动层板来调节高度。在两个侧边的板上各钻一排孔，搭配对应的卡件，就可以自由调整层板间距了。

常鞋区

常鞋区

350 ～ 400 mm

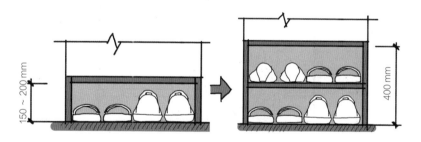

150 ～ 200 mm

400 mm

▲ 一层常鞋区

　　鞋柜下方留出开放的常鞋区，可以轮换放置拖鞋和外出穿的鞋子。常鞋区净高为 150 ～ 200 mm。

▲ 两层常鞋区

　　如果家里人口相对较多且常鞋区可以设置的宽度有限，那么也可以考虑设置两层常鞋区，高度为 400 mm。

玄关柜的收纳尺寸：换鞋凳 + 挂衣区

一般换鞋凳和挂衣区设置在一起，可以充分利用换鞋凳上方的空间，这样既节约了空间，又可以让生活变得更加便利。换鞋凳下方可以是开放的常鞋区，上方是挂衣区，最高处再增加一组吊柜，便可将小小的换鞋区域空间全部利用起来！

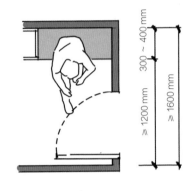

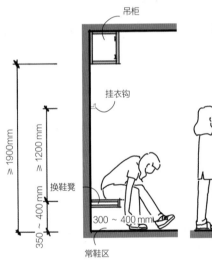

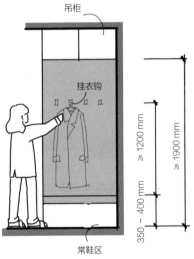

▲ 换鞋凳

○ 换鞋凳深度：300 ~ 400 mm。

○ 换鞋凳高度：350 ~ 400 mm。

▲ 挂衣区

○ 挂衣钩距离换鞋凳的高度：不小于 1200 mm。

○ 挂衣钩距离地面高度：1600 mm。

○ 挂衣区高度：不小于 1900 mm。

玄关柜的收纳尺寸：开放格置物区

玄关柜一定要预留出一块空间做开放格，再提供一处台面，这样做可以方便进出时随手放钥匙、卡包、手机等随身小物，还可以放置消毒、杀菌用的喷剂或洗手液，回家后第一时间就可以进行简单的清洁和消毒。另外，也可在此处收纳玄关常用的小物品，比如拆快递用的裁纸刀、签字笔等。

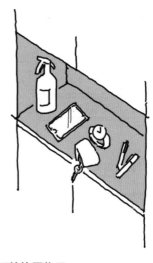

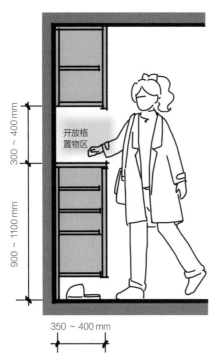

开放格置物区

300 ~ 400 mm

900 ~ 1100 mm

350 ~ 400 mm

◀ **开放格置物区**

○ 台面距离地面的高度：900 ~ 1100 mm。

○ 开放格高度：300 ~ 400 mm。

○ 开放格深度（和下方柜体深度一致）：350 ~ 400 mm。

◀ **根据想放的物品进行复核**

如果有特殊的工艺品、绿植等打算放在这里，那么一定要提前动手量一下尺寸，看看是不是需要增加高度或者深度。具有收纳和展示功能的空间，一定要多动手测量，才会避免发生之后放不下的情况。

玄关内的电源与开关

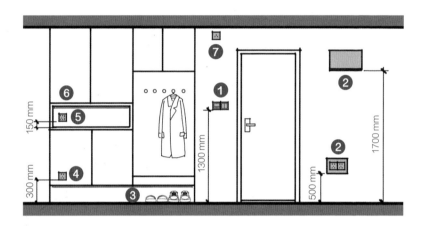

① 灯的开关及各类控制面板

此处建议设置玄关灯的开关，以及可以总控全屋灯的控制面板（或智能家居的总控）、门禁对讲机等。

距离地面高度：1300 mm。

② 强弱电箱

弱电箱一般内部还要预留 1 ~ 2 组电源插座给路由器供电。

弱电箱距离地面高度：500 mm。

强电箱距离地面高度：1700 mm。

③ 常鞋区预留灯带电源线

常鞋区可设置灯带作为辅助照明，推荐采用感应灯。

预留电源线点位需依据柜体设计。

④ 鞋柜内预留电源插座

鞋柜内电源可作为烘干器或消毒灯的电源。

距离地面高度：300 mm。

⑤ 开放格内预留电源插座

开放格内设置 1 组含 USB 接口的五孔插座，可为手机等设备充电。

距离台面高度：150 ~ 300 mm。

⑥ 开放格内预留灯带电源线

推荐采用感应灯。

预留电源线点位需依据柜体设计。

⑦ 预留监控电源插座

可作为入口设置监控设备的电源。

应贴近天花板布置。

3.2 客厅

　　客厅，是家庭成员可以坐下来观影、交流、读书和陪伴彼此的空间，也具有待客和社交的功能，是整个家庭的"活动中心"。所有的客厅，无论是传统的以沙发和电视作为核心的客厅，还是如今以围合沙发为核心的去电视化设计的客厅，都是以"坐下来"为最主要的功能需求。因此，沙发是整个客厅中体量占比最大的家具，关于客厅的设计仍然是以沙发作为出发点。

　　除了选择能够满足使用功能方面的尺寸，家具的选择和搭配也取决于和整个房间的比例关系——只有与空间比例适宜的家具，才能让小的空间显得既好用又有余裕，大的空间则显得宽敞却不空旷。

沙发的规格

● 使用需求

挑选沙发的第一步，就是要根据自己的生活需求和家庭情况选择所需沙发的类型，并且明确沙发的规格和尺寸。

沙发规格中最重要的一项是座位数，它决定了沙发的最小宽度。我们挑选沙发的第一步就是考虑客厅里全家人坐下时需要的座位数，据此来选择座位数相对应的沙发，或者是能提供足够座位数的沙发及扶手椅的组合。

▼ 沙发的宽度和座位数

沙发的座位宽度（不含扶手）取决于可提供的座位数。一般单人所需的座位宽度不应小于 450 mm，但考虑到沙发还需要提供一定的舒适度，单人的座位宽度一般为 500 ~ 800 mm。而沙发的整体宽度还需要计算扶手的厚度，不同类型的沙发，其扶手厚度也各不相同。

因此，选择沙发的尺寸时，需要在明确基本需求的前提下，根据个人喜好选出相对应的产品，然后从产品的具体参数中看到对应的尺寸。

这里提供一些常见沙发的座位宽度和整体宽度（包含扶手），以便在选择具体的沙发前有一个基本的概念。

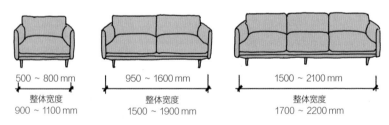

○ 单人位沙发：座位宽度 500 ~ 800 mm，整体宽度 900 ~ 1100 mm。

○ 双人位沙发：座位宽度 950 ~ 1600 mm，整体宽度 1500 ~ 1900 mm。

○ 三人位沙发：座位宽度 1500 ~ 2100 mm，整体宽度 1700 ~ 2200 mm。

注：以上尺寸仅为参考，具体沙发尺寸和规格需要根据产品的实际情况确定，详见供应商或品牌方的详细规格数据。

● 习惯与喜好

选择沙发的规格时，还需要考虑沙发座位的深浅、靠背的高矮，以及是否落地等基本形态和类型。同时，沙发作为家居使用时间最久的坐卧家具之一，其规格和尺寸与舒适度紧密相关。这不仅取决于每个人的身体尺寸，还取决于每个人的喜好和习惯。因此，决定购买某款沙发前，一定要去实际体验感受一下。

▼ 沙发的座位深度

不同的单品沙发有不同的设计思路，它们的座位深度也多种多样，常见的座位深度为 450 ~ 700 mm。

沙发的座位深度会影响我们的坐姿。当沙发深度为 450 ~ 600 mm 时，坐着的人可以保持正常坐姿，并且腿部可以较为自然地弯曲；当沙发深度为 700 mm 时，则需要第二层靠垫来辅助坐着的人保持正常的坐姿，并能让人们更为随性自由地盘坐或半躺在沙发上。

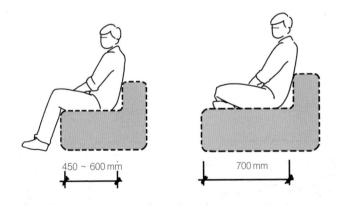

450 ~ 600 mm   700 mm

▼ 沙发的靠背高度

沙发的靠背高度多种多样，从仅能支撑腰背部的低背沙发，到可以支撑肩颈部的高背沙发，各种高度不一而定。靠背的高度一方面决定了沙发的形态；另一方面，不同的靠背高度与个人的感受和习惯息息相关，比如低矮靠背会带来轻巧感，较高靠背会带来更强的围合感和存在感。

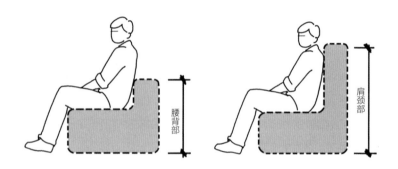

▼ 沙发抬高或落地

沙发抬高或落地，是另一种取决于个人喜好和生活习惯的沙发规格选项。

抬高的沙发除了在外形上显得更轻盈，也方便让人对沙发下方进行清扫。如果下方高度高于 100 mm，那么就可以满足扫拖地机器人的出入。而落地沙发在视觉上则有一种厚重的稳定感。

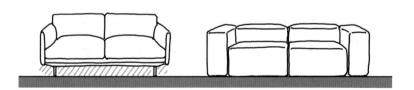

围绕沙发的行动空间

围绕沙发做设计时，除了需要考虑其本身的尺寸，还需要预留出周边供人站起、通行等各种行动所需的空间。沙发作为客厅的"重心"，其周边的行动空间对客厅布局起到了决定性的作用。

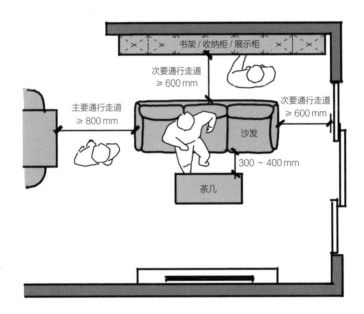

▲ 沙发与周边的走道宽度

○ 沙发和茶几之间的走道宽度：300 ~ 400 mm。

○ 沙发周边的走道宽度：主要通行走道宽度不应小于 800 mm，次要通行走道宽度不应小于 600 mm。

靠墙沙发的小细节

在很多设计中，有一个很容易被忽略的小细节，就是坐在低靠背的沙发上，当身体自然后仰时，后脑勺很有可能会碰到墙面；或是想要伸个懒腰，手臂也会碰到身后的墙面。设计时如果不注意这个小细节，就会给原本舒适的沙发带来一些烦恼。

▶ **细节一：拉开沙发和墙之间的距离**

解决办法之一是让沙发与墙之间留出不小于 300 mm（含沙发靠背厚度）的空隙。

300 mm

▶ **细节二：利用缝隙设置柜子**

沙发与墙之间可以设置与沙发靠背高度等高或稍微低 50 ~ 100 mm 的柜子。台面上可以放置装饰画或装饰品，柜子里则可以储藏不经常使用的物品。

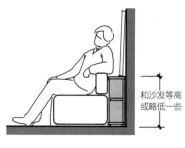

和沙发等高或略低一些

▶ **细节三：其他的选择**

如果选择高靠背的沙发，那么增加一组可供肩背依靠的高靠垫，或者沙发周围的背景墙采用软包的形式等，就不必移动沙发的位置了。其实除此之外，解决方法还有很多，根据自己的实际情况来选择即可。

观影功能相关的尺寸

▼ 电视机及电视柜

　　客厅要实现观影功能，需要考虑合适的位置和尺寸。为了方便观看和使用，在确定电视机高度的同时，电视柜的设计也要满足收纳的需求。

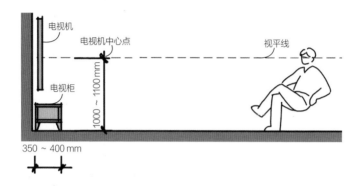

○　挂墙电视机中心点距离地面的高度：1000 ~ 1100 mm。

○　电视柜深度：350 ~ 400 mm。

　　考虑到悬空电视柜的挑空和承重能力有限，因此深度以300 mm以内为宜，并且不能将电视机等过重的物品放在悬挂的电视柜上。

▼ 电视机、投影幕布的尺寸与观影距离

　　电视机、投影幕布的尺寸与观影距离有直接关系，挑选对应产品的尺寸时，要根据客厅的尺寸及沙发的位置来进行估算。不过，就像挑选沙发一样，即使了解了对应的尺寸，在购买电视机和投影幕布时，最好还是实际体验一下，因为推荐的尺寸有时和自己的感受并不完全一致。

　　投影的效果除了取决于幕布本身的尺寸，还取决于投影仪的相关参数。对这方面有更专业需求的家庭，需要对投影仪这类产品进行更加仔细地考虑和研究。

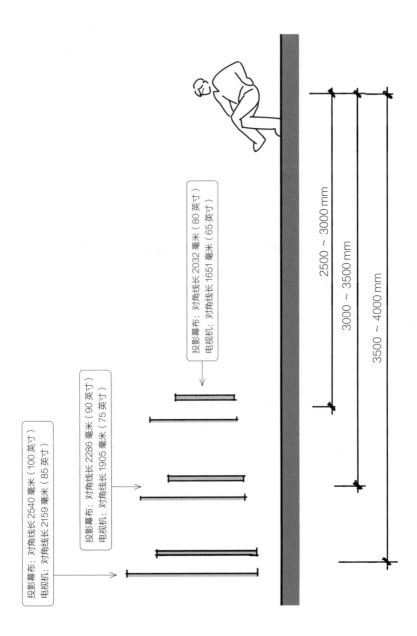

投影幕布: 对角线长 2540 毫米 (100 英寸)
电视机: 对角线长 2159 毫米 (85 英寸)

投影幕布: 对角线长 2286 毫米 (90 英寸)
电视机: 对角线长 1905 毫米 (75 英寸)

投影幕布: 对角线长 2032 毫米 (80 英寸)
电视机: 对角线长 1651 毫米 (65 英寸)

2500 ~ 3000 mm

3000 ~ 3500 mm

3500 ~ 4000 mm

多功能的客厅

随着生活方式和习惯的变化，越来越多的家庭选择了更大的客厅空间，还增加了除沙发以外的各种家具，比如书桌、餐桌、岛台等。增加家具的空间设计测算方式和沙发类似。

无论增加哪种家具，首先都应该掌握家具本身的尺寸，其次要关注其周边活动空间所需要的尺寸。同时，这些家具也是客厅的一部分，需要注意它们和沙发之间要有相对应的空间距离。只有满足以上这些需求，才能保证客厅的各个功能使用起来较为方便。

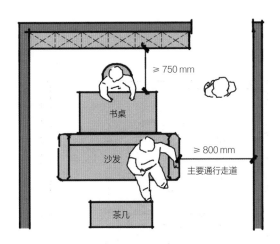

▲ **多功能客厅布局一**

○ 书桌周边的走道宽度：只有旋转座椅时，不小于 750 mm。

○ 沙发周边的走道宽度：主要通行走道，不小于 800 mm。

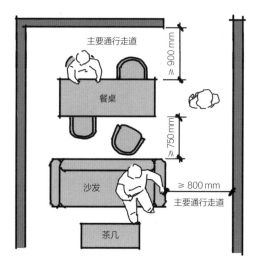

▲ **多功能客厅布局二**

○ 餐桌周边的走道宽度：只有旋转座椅时，不小于750 mm；

  若座椅在主要通行走道上，则不小于900 mm。

○ 沙发周边的走道宽度：主要通行走道，不小于800 mm。

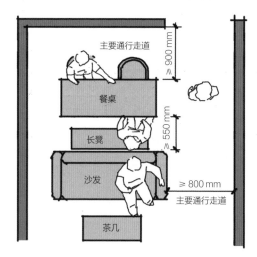

▲ **多功能客厅布局三**

○ 餐桌周边的走道宽度：只有固定座椅（长椅）时，不小于550 mm；

  若座椅在主要通行走道上，则不小于900 mm。

○ 沙发周边的走道宽度：主要通行走道，不小于800 mm。

家具和空间的关系

▼ **小户型 —— 优先保障功能**

　　因为小户型空间尺寸有限，所以要优先保证功能使用上的舒适和顺畅。比如，通行走道的宽度一定要预留出不小于 600 mm 的空间，茶几和沙发之间也要预留出不小于 300 mm 的宽度，剩余的空间则可以选择尺寸合适的家具来布置，这样才能便利而舒适地生活。

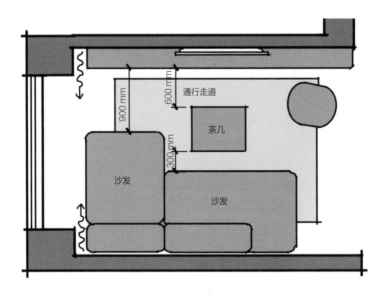

▼ 大空间 —— 适宜的比例和尺寸

对于更大、更自由的空间，不需要完全以功能优先，而更应该注重家具组合所占空间的尺寸，以及与房间整体空间的比例。

适宜的家具尺寸和布置格局会让房间整体呈现一种舒展、大气的氛围，不会因为布局不合适而浪费空间，或是因为比例关系不合适而显得空洞无物。一般情况下，家具和客厅空间的整体比例为 2∶3 是较为适宜的，这个比例可以用在大部分涉及比例关系的场合。

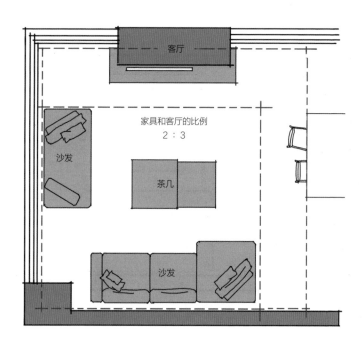

客厅的电源与开关：沙发背景墙

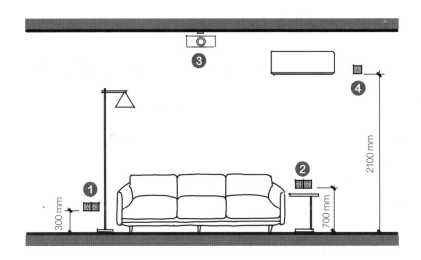

① 沙发侧电源插座（无边几）

可根据需求设置带USB插孔的五孔插座,供手机等设备充电,以及落地灯、台灯、空气净化器等设备的使用。

距离地面高度：300 mm。

② 沙发侧电源插座（有边几）

可根据需求设置带USB插孔的五孔插座，供手机等设备充电和台灯等设备的使用。

距离地面高度为700 mm，设在边几台面上方更方便日常使用。

③ 固定式投影仪电源插座

应在投影仪附近的天花板处预留电源插座。

④ 分体空调机电源（16A）插座

距离地面高度：2100 mm。

客厅的电源与开关：电视背景墙

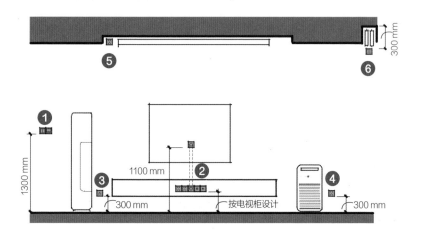

300 mm

1300 mm

1100 mm

300 mm

按电视柜设计

300 mm

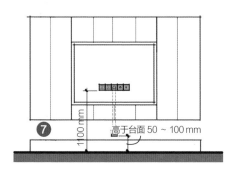

1100 mm

高于台面 50 ~ 100 mm

① 灯的开关及地暖、空调控制面板

距离地面高度：1300 mm。

② 电视机背景墙电源插座

含 1 ～ 2 个五孔插座（根据实际所需酌情增加）、网线端口及电视信号端口（根据需求设置）、预埋直径 50 mm 的 PVC 线管，供电视的电源线、视频音频线及网线与下方插座连接。

距离地面高度需根据电视柜尺寸布置。

③ 空调柜机电源（16A）插座

距离地面高度：300 mm。

④ 预留电源插座

可供电扇、空气净化器、扫拖地机器人、吸尘器等电器设备使用。

距离地面高度：300 mm。

⑤ 投影幕布电源插座

应贴天花板设置。

⑥ 电动窗帘插座

距离天花板 300 mm（需要考虑电动窗帘电机高度）处，或直接贴天花板并预留电源线。

⑦ 不设置电视柜的背景墙

插座及端口应设置在距离地面 1100 mm 的高度，预留直径 50 mm 线管通向下方，供其他需要供电及接线的设备（如音响、游戏机等）穿线使用。

3.3 餐厅

　　说到餐厅中的家具，我们第一时间想到的就是餐桌。作为餐厅功能和"颜值"表现最核心的家具，餐桌不仅需要满足全家人用餐的需求，还需要与整个家庭的氛围相协调。在选择餐桌和餐椅时，要考虑其造型和风格，从而实现整体的家居环境。如果餐厅有更多空间，建议设置一组餐边柜，来满足日常收纳和使用的需求。

　　当然，餐厅还有一个隐性的空间尺寸更加重要，即人的行动空间。在餐厅内，家庭成员可能会同时进行站起、行走、坐下等多重活动。尤其对于就餐人数较多的家庭来说，复杂的行动组合会更频繁地围绕餐桌发生。因此，好的餐厅布局不仅仅需要适合的家具，更加要满足复杂行动对空间的需求。

餐桌的形式和尺寸

餐桌的大小尺寸主要取决于两个因素：餐桌形状和座位数。

餐桌形状多为矩形或圆形，这两种形状的餐桌有常见的尺寸规格可以参考。也有一些异型的餐桌产品，具体尺寸根据产品而有所不同，一般都会比同样座位数的矩形餐桌大一些。座位数和餐桌规格的关系可以按照每人座位宽 600 mm 的情况来估算。

▼ 常见餐桌的形状和尺寸

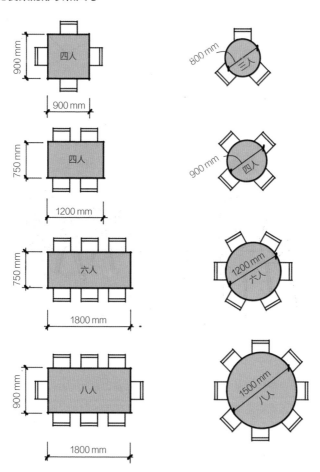

餐椅的形式和尺寸

餐椅的尺寸变化相对较小，基本只要是餐椅或单椅类别下的椅子单品，基本都在常规的尺寸范围内。比如，餐椅的长度和宽度约为600 mm，高度则在450 ~ 500 mm之间。因此，选购餐椅的时候，不必过分担心它们的尺寸能否满足餐厅的需求。

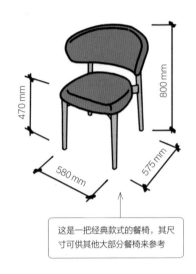

这是一把经典款式的餐椅，其尺寸可供其他大部分餐椅来参考

▼ 餐椅的造型会影响摆放所需空间

比起尺寸和规格，餐椅更值得我们关注的是其造型。因为整体尺寸不大，所以造型的变化会给人带来完全不同的视觉重量和心理感受。

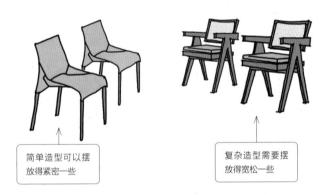

简单造型可以摆放得紧密一些

复杂造型需要摆放得宽松一些

造型复杂或比较厚重的椅子，摆放时需要留出更多间距，不要让椅子之间紧紧相邻，否则会显得过于拥挤；而造型简单的椅子则可以较为自由地摆放。因此，在同样座位数的前提下，如果选用造型厚重的椅子，那么最好选择宽大的一些餐桌。

餐桌和餐椅的高度

如今，餐厅空间的设计越来越多样化，用餐空间的设施也不仅仅局限于普通的餐桌，还会有各种不同高度的岛台或吧台。

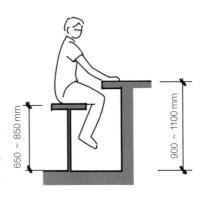

于是，为岛台、吧台搭配合适高度的椅子便成了很重要的选择。过低的椅子用餐时会感觉不舒服，过高的椅子会导致双腿很难自在地伸在桌面下。

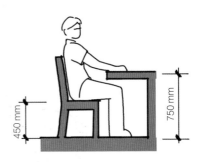

▶ **餐桌和餐椅之间的高度差**

面对多种多样的餐桌形式，如何选择对应的餐椅高度，似乎变得复杂了。其实并非如此，只要记住，餐桌和餐椅之间的高度差在 250 ~ 300 mm 的范围内即可。按这个标准，就可以轻松找到对应餐桌高度的餐椅了。

餐桌周边的行动空间

▼ 用餐空间

一个人的用餐范围大致为：宽度 600 mm，深度 800 mm。

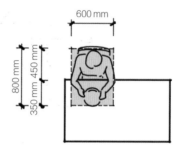

当我们舒适地靠近餐桌用餐时，我们的腿部会伸入桌子下方，其深度约为 350 mm，所以在选择餐桌款式时，需要注意一下桌腿或支撑的位置，看其是否会挡住伸腿的空间。

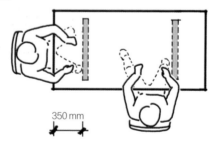

桌腿在平面图和立面图上都要避开伸腿的位置。

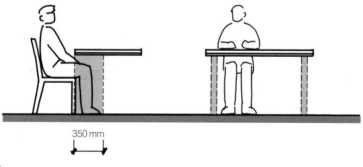

▼ 行动空间

人在餐桌旁的活动不是只有坐下来用餐，还会有其他各种活动围绕餐桌发生，比如入座、离席、上菜、整理、经过等。考虑到这些活动都需要相应的空间，在布置餐桌的时候，就一定要预留充足的空间。

○　餐椅抽拉所需的走道宽度：不小于900mm。

○　餐椅旋转所需的走道宽度：不小于750mm。

○　餐椅在通行走道上的宽度：不小于1200mm。

○　餐桌侧边的通行走道宽度：不小于800mm。

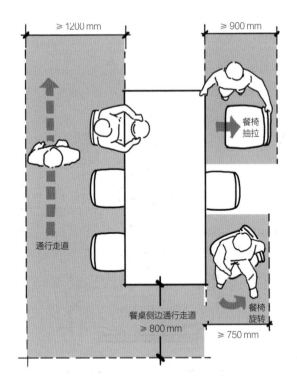

用餐空间的灯光

在餐桌上方设置装饰感强的吊灯，不仅可以实现照明的基本功能，还可以营造就餐氛围。而适宜的高度，是灯光能够实现以上功能的重要前提。

▼ 适宜的灯光高度

灯光高度的选择需要考虑很多因素，如照度、氛围、用餐者的视线等。

一般情况下，吊灯距离桌面 600 ~ 800 mm，就可以形成较好的集中氛围灯光，同时又不会遮挡用餐者的视线。但这并不是强制要求的尺寸，一定要亲身感受一下再确定最终尺寸。如果是站立的姿势，灯太低的话会遮挡视线，灯头太大则有碰撞的危险，因此建议将吊灯调整到距离地面 1700 mm 以上的高度。

一定要记住，设计是为我们的生活服务，而不是要我们配合一个个数字去生活。

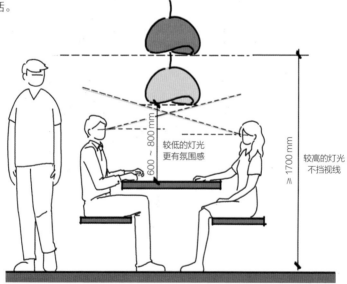

较低的灯光
更有氛围感

600 ~ 800 mm

≥ 1700 mm

较高的灯光
不挡视线

餐边柜——餐厅的重要辅助

餐边柜一方面可以作为餐桌用品的辅助收纳空间，另一方面也可以补充操作台面，兼作水吧台或早餐区。

▼ 操作台面深度

○ 操作台面深度：350 ~ 400 mm 。

　　可满足市面上大多数小型厨房电器的摆放需求，比如饮水机、咖啡机等。

○ 操作台面深度：400 ~ 600 mm 。

　　更大的操作台面上，可以设置水槽，使其成为早餐区或水吧台。

▶ **搁板、吊柜和操作台面的高度**

○ 吊柜和搁板底部距离台面的高度：
600 ~ 800 mm。

可以满足给饮水机加水、早餐机
开合等操作的空间需求。

○ 操作台面高度：800 ~ 900 mm。

餐边柜主要是用作置物空间，台
面使用频率较低，对于高度的要求没
有厨房操作台面那般严格。

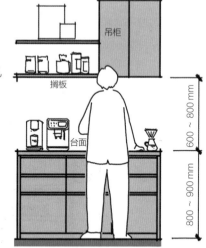

▶ **搁板、吊柜的深度**

○ 搁板深度：100 ~ 150 mm。

可放置水杯或小型、轻量的物
品（如咖啡、茶叶等）。宽度较小
的搁板可以减少安装的难度和未来
掉落物品的风险。

○ 吊柜深度：300 ~ 350 mm。

可参考厨房橱柜、吊柜。

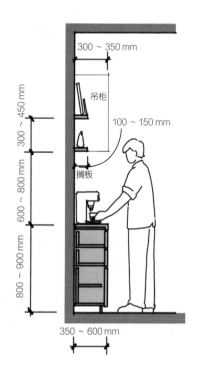

餐边柜周边的行动空间

　　餐边柜和餐桌的行动空间一样，也需要在周边预留充足的空间，方便进行各种日常活动，主要考虑三方面：停留使用、前方通行、抽屉或柜门的打开使用。同时，由于餐边柜和餐桌通常是就近布置的关系，因此两者的组合方式也决定了周边活动空间的尺寸。

▼ 餐边柜和餐桌平行布局

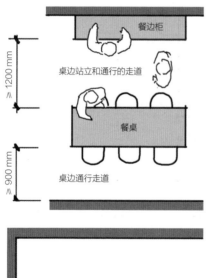

餐边柜

桌边站立和通行的走道

餐桌

桌边通行走道

≥ 1200 mm

≥ 900 mm

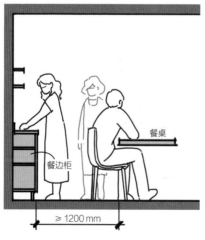

餐边柜

餐桌

≥ 1200 mm

　　餐边柜和餐桌平行布局时，靠近餐边柜一侧的走道宽度不应小于1200 mm，需要考虑有通过、站立操作及出入座位等动作同时发生的情况。同时也要给柜门的开启或抽屉的拉出预留足够的空间。餐桌另一侧的走道宽度不应小于900 mm。

▼ 餐边柜和餐桌垂直布局

餐边柜和餐桌垂直布局时，餐边柜更多起到的是收纳作用，操作空间也可以和餐桌周边的通行空间共用。相比于平行布局，垂直布局通过"牺牲"一定的操作功能，换取了更高效和集中的布局。餐桌的周边通行宽度不应小于900 mm。

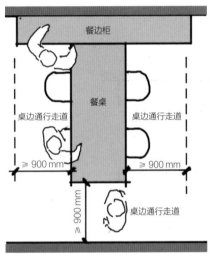

餐厅的电源与开关：餐桌及周边

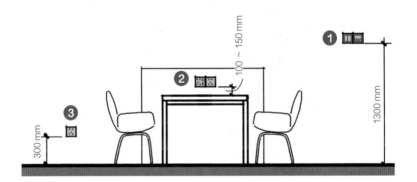

① 灯的开关及地暖、空调控制面板

距离地面高度：1300 mm。

② 餐边柜、中岛电源插座

设置若干五孔电源插座及带有 USB 插孔的插座，可供手机等设备充电，也可作为电火锅等厨具的电源。

距离桌面高度：100 ~ 150 mm（岛台侧边的插座还要详细考量岛台和餐桌的高度差，不必严格执行此数据，根据实际情况来确定就好）。

③ 备用电源插座

如果没有餐边柜或岛台贴临餐桌提供电源插座的位置，则可以就近在餐桌上布置一组五孔电源插座。不推荐在家庭中轻易采用地面插座，因为使用时突出地面会带来隐性的安全问题，并且日常用水时也可能会带来安全隐患。

距离地面高度：300 mm。

餐厅的电源与开关：独立餐边柜

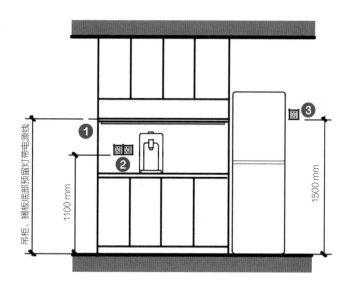

① 操作台照明灯带

在吊柜或搁板底部的位置预留灯带电源线。

具体高度需根据吊柜的设计来确定。

② 台面预留电源插座

台面预留带开关的五孔插座供饮水机、咖啡机等小家电使用，插座具体数量可根据自己家庭的实际情况确定。或者，还可以预留一个插座底盒后安装轨道插座，方便后期根据需求增减插座数量。

距离地面高度：1100 mm。

③ 酒柜、冰箱电源插座

如果是嵌入在餐边柜范围内的酒柜或冰箱，其插座最好布置在隔壁或上方的柜子范围内，方便日后插拔电源或检修设备。

距离地面高度为 1500 mm 或根据餐边柜的内部分隔进行布置。

3.4 厨房

　　厨房是整个家庭中最具有烟火气的空间，其已经从过去单纯作为做饭干活的场所，转变成兼具功能性和美观性的烹饪空间。一个干净、整洁的厨房，会让我们有烹饪美食的欲望，同时也是体现家的品质和颜值的重要空间之一。

　　与家中其他房间相比，厨房更重视功能使用上的便捷和高效，它的布局方式和收纳体系决定了日常做饭的便利程度。了解行动所需的尺寸、收纳物品及大量厨房家电所需的空间，便能够指导厨房的布局设计，使其更加合理和高效，让烹饪这件事变得更加愉快。

厨房的基本布局

关于厨房的设计,第一个要考虑的是具体的布局。与其他居室空间(如客厅、卧室、书房等)相比,厨房在大部分住宅中的面积是相对有限的。它最根本的功能区是备菜、做饭的操作台,并且有着相对严格的尺寸要求,其相关的诸多行动也有最小空间的要求。

根据建筑空间、橱柜尺寸、活动空间三者之间的关系,常见的厨房布局和其最小尺寸有以下几种:

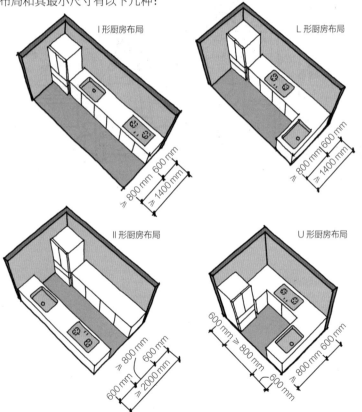

I 形厨房布局

L 形厨房布局

II 形厨房布局

U 形厨房布局

无论厨房怎么布局,橱柜和通行走道的尺寸都是通用的。掌握好这些通用尺寸,就可以在此基础上设计布局了。一般来说,橱柜的深度为 600 mm,走道宽度不应小于 800 mm。

更加开放的独立厨房

如今随着大部分年轻人生活方式的变化，越来越多的家庭在保留传统封闭式烹饪区料理的基础上，也希望拥有开放式厨房的功能，从而提供更多展示和交流的空间。对此，厨房与餐厅之间需尽可能减少实体隔墙，改为门或窗，让厨房更具开放性和流动性。

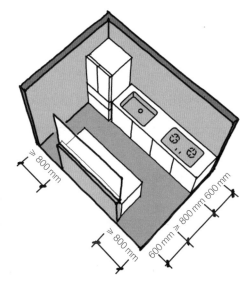

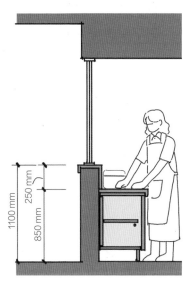

◀ 在餐厅与厨房之间设置窗

开放式厨房内部还是延续前文所述的尺寸。需要格外注意的是，若台面所在的墙上要开窗，窗的下沿不建议直接贴着台面设置，因为台面上的物品可能会阻挡开窗的路径（尤其是平开窗），也会将台面上凌乱的场景展示在外。因此，更好的做法是，窗口底部距离地面高度为 1100 mm，而一般的台面高度为 850 mm，这个高度差（250 mm）刚好可以遮挡住大部分零散小物件，也可以长期放置一些小家电或厨房工具，让此处的台面更加好用。

厨房便捷高效的重要因素：橱柜

厨房便捷高效的重要因素是布局，即设计一套合理的橱柜，让厨房使用更加便利、收纳更加有条理、视觉更加美观。它不仅需要提供足够使用的操作台面，还可以收整、容纳厨房的大件家电设备，以及拥有大容量的收纳空间。

▶ 橱柜设计前的准备工作

选定厨房的大件家电设备是设计橱柜前必须要做的准备工作，包括选择厨房家电及设备、获得其安装空间的尺寸、安装所需水电的要求等，这些信息都会影响橱柜的具体设计。因此，提前决定好这些事，便能够让橱柜设计更加到位，减少后期电器无法安装或橱柜无法适配带来的烦恼。

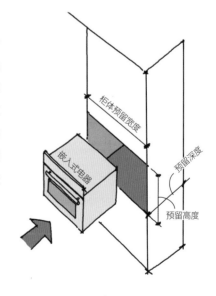

橱柜系统就是模块的组合

现代厨房的橱柜像积木一样，可以分为以下几种模块：高柜、吊柜、台面、下柜、岛台。

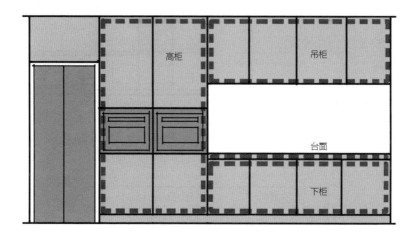

其中，提供操作台面的下柜是每个厨房的标配，其他各个模块则可以根据厨房的空间尺寸、原始建筑的空间形态及个人的使用习惯和需求等，自行增减和排列组合，形成最适合自己家的橱柜系统，再根据各个模块的功能需求和使用场景来选择最合适的尺寸。比如下柜、吊柜、高柜等组合，常见的橱柜布局有以下几种：

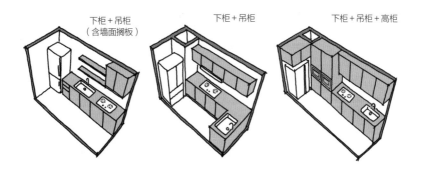

下柜+吊柜（含墙面搁板）	下柜+吊柜	下柜+吊柜+高柜

台面是厨房的基石

操作台面作为实现厨房最主要功能的平台，其高度和深度都决定着使用是否便利和舒适。

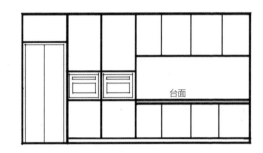

▼ 操作台面的深度

一般台面的深度为 600 mm，可以容纳常规的水槽、灶具及其他厨房设备，同时也是较为合适的备菜空间。

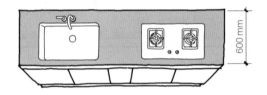

如果选购非常见品牌的水槽或灶具，或是外国品牌的产品（非主要供应中国市场的产品），则需要格外关注其规格和安装要求。它们对台面的深度要求常常有所不同，比如有的要求深度在 650 mm 以上。

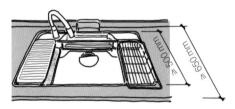

● 厨房设计注意事项

· 厨房涉及大量设备和橱柜结合的情况，一定要提前选好心仪的产品，并了解其安装要求，这是让厨房设计落地的第一步！

▼ 操作台面的高度

操作台面的理想高度要根据使用者的身高来确定。操作台面高度（h_1）应为使用者身高的一半加 50 mm，以便进行切菜、备菜、清洁等动作。

操作台面高度（h_2）为使用者身高的一半减 30～50 mm，可以完成烹饪等动作。灶台区的高度较低，是因为大部分的中式炒菜锅具较深，把手位置相对较高，所以灶台区的高度相对可以略低一些，这样操作起来会更加舒适。

$h_1 =$ 身高 ÷2+50 mm

$h_2 =$ 身高 ÷2−（30～50）mm

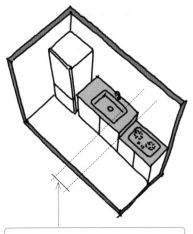

为了高低台面，牺牲平整的操作区是不值得的

不过，是否一定要严格遵从这样的原则去设置高低不同的操作台面呢？不一定。建议根据厨房台面的长度和形式来决定。如果厨房台面长度不够，就不需设置成高低台面，否则，除了增加装修难度和预算，还可能影响到台面的使用。装修中的每一个决策都要有所取舍。

▼ **操作台面的长度**

　　厨房操作台面的总长度是由灶台区宽度、水槽区宽度及操作区的宽度共同决定的。其中操作区又包含沥水区、备菜区、装盘区。

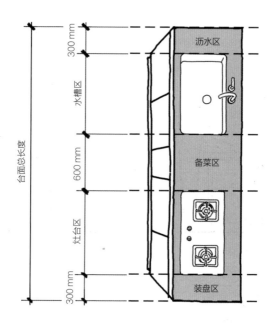

○　沥水区宽度：不小于 300 mm。

　　水槽的一侧需要放置沥水篮，或是临时放置碗盘的空间。

○　备菜区宽度：不小于 600 mm。

　　在灶台区和水槽区之间，可作为处理菜品的备菜操作区，需要能够放置案板、锅、碗等厨具，并且让人们顺畅无阻地完成备菜、整理等各类动作。

○　装盘区宽度：不小于 300 mm。

　　煤气灶、电磁炉等灶台区的一侧需要留出放置盘子和盛放饭菜的装盘空间。

需要注意的是 L 形岛台，如果水槽区和灶台区分别设置在其两端，则中间备菜操作区的计算方法略有不同。虽然备菜区实际的宽度已经大于 600 mm，但至少需要在一侧的台面边缘（灶具旁或水槽旁）保留足够的空间（不小于 400 mm），让人可以站立在台面前完成动作。

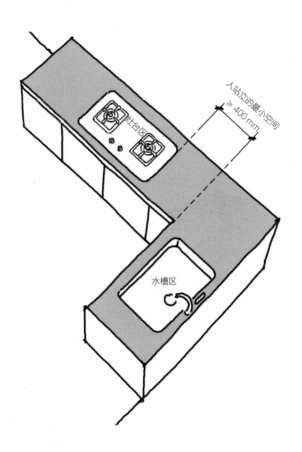

下柜负责收纳高频使用的物品

由于下柜最靠近操作台面，因此和烹饪相关的大量物品都会第一时间收纳在其中。

传统收纳的方式多为平开门加内部层板，分上下两层。虽然这样最节省预算，但从物品的收纳和取放上来说并不是最方便的。最方便使用的是抽屉的类型，不过，因为抽屉需要更多的材料和五金，所以成本相对较高。

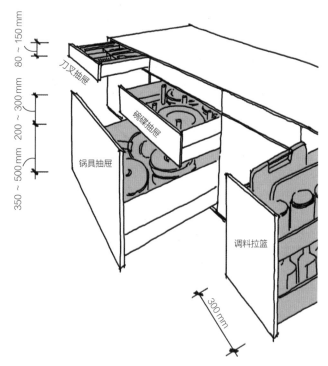

▼ 抽屉的尺寸

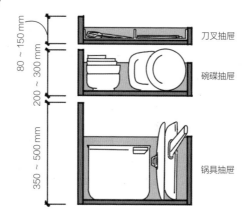

抽屉和拉篮内部的具体高度由其收纳的物品来决定。

○ 刀叉抽屉高度：80 ~ 150 mm。

可以搭配分隔工具，以便分类收纳。

○ 碗碟抽屉高度：200 ~ 300 mm。

大部分家庭用的餐具都可以竖向收纳于其中。

○ 锅具抽屉高度：350 ~ 500 mm。

锅具一般放在底层，抽屉高度的设置需要在方便抽拉的同时，也可以放下比较大的锅具。

○ 调料拉篮宽度：不大于 300 mm（详见第 104 页调料拉篮）。

收纳调料、案板等可以选择成品拉篮，常见的这类拉篮宽度一般都不大于 300 mm，这个尺寸可以充分利用橱柜的边角空间。

○ 下柜的深度和宽度：可参考操作台面的深度和宽度。

▶ 踢脚板不能忽略

因为我们要贴近橱柜站立，所以踢脚板的范围内收是非常合理的设计。其深度通常为 50 ~ 100 mm。

踢脚板的高度没有特别的规定，常见的尺寸为 30 ~ 150 mm。如果自己有特别的想法和需求，那么可以提前与负责橱柜设计、安装的厂家进行沟通和确认。

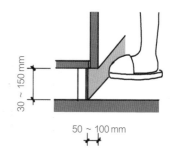

吊柜负责高处的收纳

吊柜作为收纳功能柜体，它的尺寸以便于物品的储存、取放为基本考量因素。

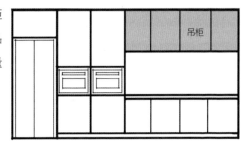

▼ 吊柜的深度和高度

○ 吊柜底部距离地面的高度：1500 ~ 1600 mm。

这个高度可以方便大部分人直接使用吊柜的中下层空间。如果吊柜要结合抽油烟机进行设计，需要核对抽油烟机安装位置的要求。

○ 吊柜深度：300 ~ 350 mm。

有限的深度一方面不会影响站立在台面前的使用者，另一方面内部收纳的物品也无须前后堆叠，导致不方便取放。

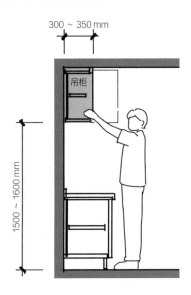

▼ 双层吊柜的深度和高度

○ 上层吊柜底部距离地面的高度：不小于 2100 mm。

   厨房净高比较高的时候，可以根据实际需求选择设计双层吊柜。

○ 上层吊柜的深度：600 mm。

   作为顶部已经超过人体身高且不方便使用的柜体，可根据整个橱柜的设计需求设定尺寸，有时候深度可以做到和台面一样。这类高区收纳空间需要依赖梯子或踏脚凳等辅助工具进行拿取。

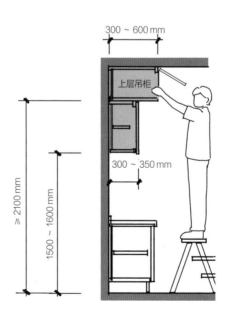

搁板：展示和收纳

如果已经拥有了足够的收纳空间，还想要打造某种氛围，在不做吊柜或局部不做吊柜的情况下，可以采用搁板的形式，这也是一种常见的设计手法。

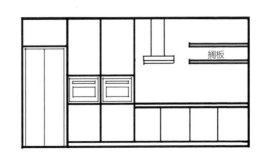

◀ 最下层搁板的高度

○ 搁板距离台面高度：400 ~ 800 mm。

搁板下方只是操作台面，并且搁板深度较浅时，其距离台面的高度可以略小；如果下方是水槽区（如下图），则需要留够空间，一般距离台面高度为 500 ~ 800 mm，需要保证水龙头的安装及其使用不受影响。

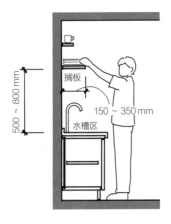

◀ 搁板的深度

○ 搁板的深度：150 ~ 350 mm 。

搁板的深度主要取决于摆放物品的尺寸，比如小件的调料瓶等瓶瓶罐罐的物品，150 mm 的深度就已经满足需求；碗碟的深度需求较大一些，300 mm 左右的深度会比较充足。当搁板和吊柜同时设置时，为了整体效果，搁板和吊柜也可以采用相同的深度。

高柜：顶天立地的收纳柜

高柜可以让人充分利用从地板到天花板全部空间的收纳模块，同时也可以集成若干种厨房电器。

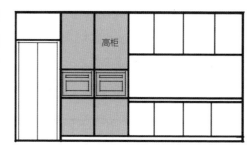

▶ **高柜的深度**

○　高柜深度：600 mm。

高柜的深度一般和下柜深度是一致的。

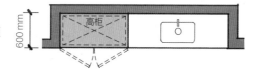

▼ **高柜的宽度**

设计时，需要首先保证操作台面的宽度（参考前文台面的内容），其次要保证所需厨房电器的空间，比如冰箱宽度、内置蒸烤箱位置等，有剩余空间时才可以考虑做高柜。

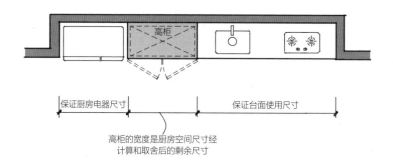

保证厨房电器尺寸 | 保证台面使用尺寸

高柜的宽度是厨房空间尺寸经计算和取舍后的剩余尺寸

▼ **高柜和高柜内置电器的高度**

　　高柜内置电器底部距离地面的高度并没有精确数值的规定，只需要从使用便利角度和立面效果两方面来做决策即可。

○　高柜的高度：地板到天花板之间的距离（即厨房净高）。

○　单台或左右置的电器底部距离地面高度：与操作台面的高度齐平。

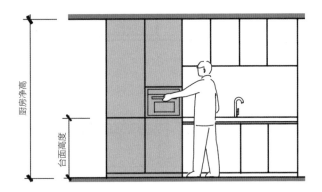

○　上下叠放的电器底部距离地面高度：400 ~ 700 mm。

　　上层的电器放在距离地面高度 1200 ~ 1600 mm 处，可以方便使用。

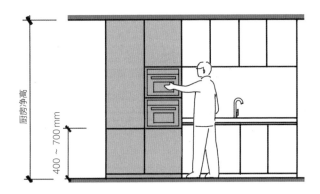

充分利用高柜的收纳空间

除了集成厨房电器的部分，高柜最吸引人的还是它能提供顶天立地的完整的收纳空间。然而，对于大部分厨房物品而言，600 mm 深的柜体并不好用。想要充分利用柜体空间，就要前后叠放很多层物品，这就意味着取放并不方便，还有可能因为遮挡造成后排物品被遗忘而浪费的情况。这就意味着，我们需要用设计来提升高柜的使用便利性。

600 mm

好难拿啊

▶ 收纳方式一：成品拉篮

通过安装成品拉篮及对应的联动设计，让过深的空间也可以被轻松利用。就像各种收纳理论反复提及的那样，抽屉的收纳效率和使用便利程度比搁板要高出许多。

▶ 收纳方式二：门板的复合收纳

高柜适用的成品拉篮对其本身和相关五金的质量要求比较高。因此，好用、耐用的拉篮费用并不低，如果想要更加经济实惠的做法，那么就可以参考使用门板复合收纳做法。

柜子内部的层板建议按照 300 ~ 350 mm 的深度来设置，而剩余的厚度则可以在门板上加设搁板、挂篮等收纳工具，一般深度为 100 ~ 150 mm，可供放置零食、饮料、调味料等。

需要注意的是，由于门板仅靠合页和柜体相连，因此最好不要在门板上放置过重的物品，以免造成门板变形，影响使用寿命。

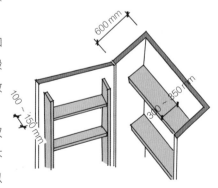

600 mm

100 ~ 150 mm

300 ~ 350 mm

▼ 收纳方式三：增加操作台面

当高柜的宽度更加充足时（至少大于 900 mm），可以在其内部设置操作台面，作为品酒、冲咖啡和泡茶的操作区，台面上下可以补充相对应的收纳空间。

这样的高柜在实现物品收纳功能的同时，还可以将这些物品的使用场景置入其中，让原本纯粹的收纳柜体变成一个多功能空间。

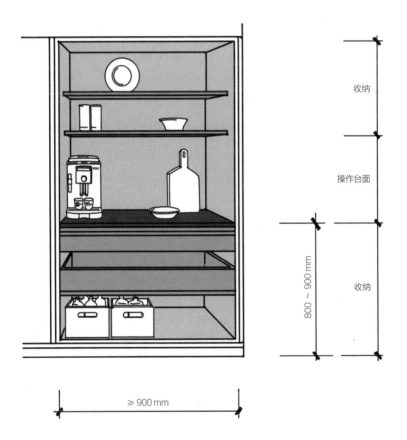

岛台：将厨房延伸至生活空间

现在越来越多的家庭引入了开放式厨房、半开放式厨房、西式厨房等符合现代家居生活需求的厨房空间。岛台作为厨房的延伸和餐厅的扩展，也逐步成为厨房功能模块中重要的一环。

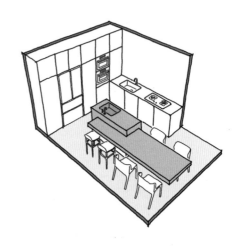

▼ 岛台功能也是各种功能模块的组合

要根据自己家中岛台的功能需求和使用场景，将所需的功能模块按照适宜的尺寸搭配组合，并预留出和周边橱柜、其他家具及墙面合理的走道宽度。

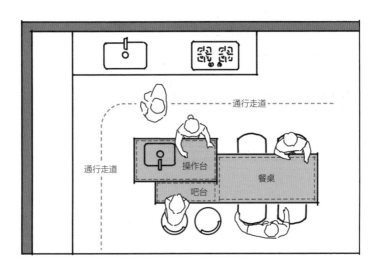

岛台的各种功能

▼ 岛台功能一: 简单的操作台面

岛台最基本的功能就是为厨房提供更多台面, 用于放置临时物品, 或是进行更复杂的烹饪操作。

○ 操作台面深度: 不小于 400 mm。

○ 操作台面高度: 850 ~ 1000 mm。

作为简单的备餐摆放的补充台面, 岛台高度可以比普通台面高一些, 一般为 900 ~ 1000 mm。而需要进行备菜操作的台面, 则建议按照厨房台面的高度来设计。

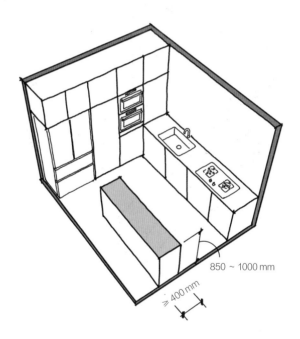

850 ~ 1000 mm

≥ 400 mm

▼ 岛台功能二：增加烹饪相关的操作台面

若岛台台面上设置水槽或电磁炉等设备，则其深度需要更大一些。

○ 台面高度：800 ~ 900 mm。

作为操作台面，建议按照厨房台面的高度设计。

○ 台面深度：不小于 600 mm。

如果台面下方除普通的收纳功能外，还需要设置内嵌式电器（如洗碗机、小冰箱等）等，就要根据电器所需安装空间的要求进行复核。

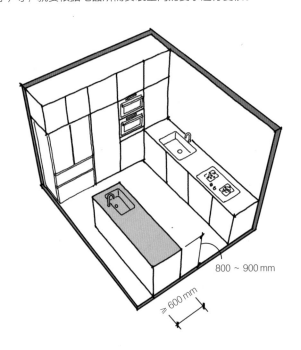

▼ 岛台功能三：收纳柜

操作台面下方的柜体要实现收纳功能时，可以根据收纳空间的方向来确定合适的尺寸和形式。

○ 收纳空间深度：300～350 mm。

厨房空间有限，可以做单侧收纳柜，提供辅助台面和储藏空间。

○ 收纳空间深度：不小于 600 mm。

厨房空间较大或开放式厨房内，可以设置成两侧皆可收纳的收纳柜。

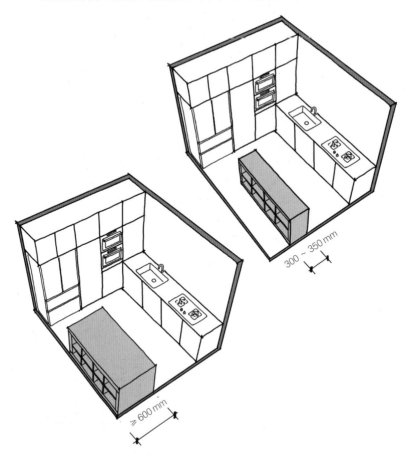

▼ 岛台功能四：岛台作为吧台

岛台作为吧台，提供就餐的功能。一两个人的小家庭甚至可以用它替代餐桌，普通家庭则可以将其作为早餐或下午茶的用餐区。

○ 吧台深度：不小于 450 mm。

○ 吧台高度：750 ~ 1100 mm。

○ 吧台长度：每人不小于 600 mm 。

如果追求更为舒适的空间，可以按照每个人 600 mm 的长度来计算。

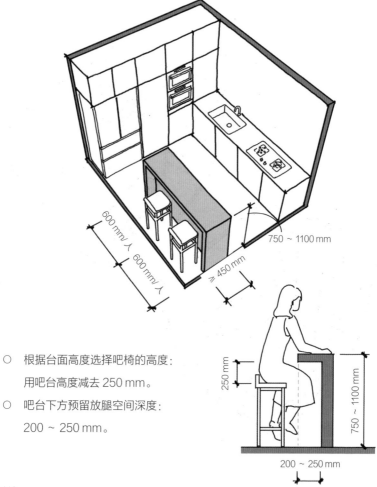

○ 根据台面高度选择吧椅的高度：
用吧台高度减去 250 mm。

○ 吧台下方预留放腿空间深度：
200 ~ 250 mm。

功能的组合，尺寸的叠加

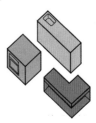

了解了每一种功能模块所需的基本尺寸之后，多功能的岛台就是将这些模块选择性地组装起来。其尺寸也是由各个公共模块的基本尺寸叠加而来的。

▼ 示例一：操作台面 + 收纳柜

操作台面朝向厨房、收纳柜朝向餐厅或客厅的岛台设计，需要将两者的深度叠加，尤其操作台面下方还需要安装其他设备的情况更是如此。

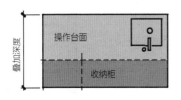

▼ 示例二：操作台面 + 吧台

操作台面和吧台组合时，长度和深度都要根据需求进行叠加。

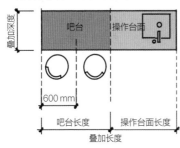

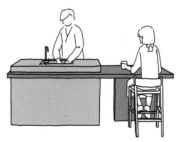

▶ 示例三：操作台面 + 吧台 + 收纳柜

当操作台面、吧台和收纳柜组合时，如果操作台面在一侧，收纳柜和吧台在另一侧，那么深度要根据需求进行叠加。

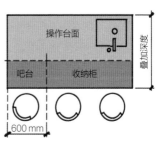

岛台周边的行动空间

▼ 岛台周边行动空间的尺寸

岛台周边需要预留充足的行动空间，既要保证周边橱柜、电器和台面的使用不受影响，也要尽量保证通行走道顺畅。

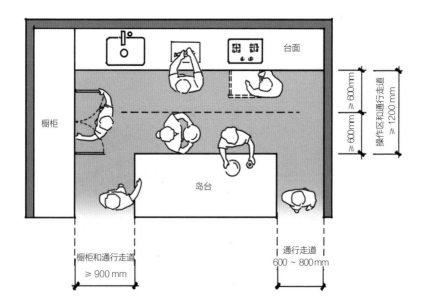

○ 岛台操作区域和橱柜（含操作台面、橱柜开门空间、抽屉拉出空间）之间走道宽度：不小于 1200 mm。

操作区域要预留足够的宽度，也要考虑走道两侧都有柜门打开和抽屉拉出的情况，在此基础上增加通行宽度，就可以让厨房内的工作更加顺畅有序。

○ 岛台非操作区域（人不会长时间停留）和橱柜之间的走道宽度：不小于 900mm。

要考虑橱柜开门或抽屉拉出的空间，以及同时有人通行的情况，不过因为是非操作区域，所以整体宽度最小做到 900 mm 即可。

○ 岛台非操作区域和墙面之间的走道宽度：最小宽度不小于 600 mm，更舒适的宽度为 800 mm。

厨房的给水排水点位

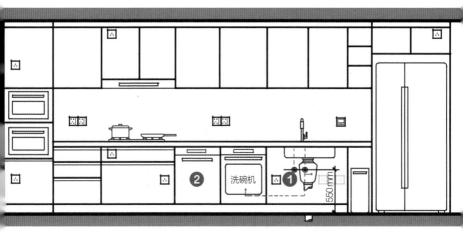

① 台盆下给水排水点位

距离地面高度：550 mm。

台盆区域的部分设备（如厨余垃圾处理器、净水器等）需要接入冷水，应根据实际需求进行水管管路的布置。

② 洗碗机给水排水点位

仅需冷水点位，距离地面高度：550 mm。

● **厨房水电点位注意事项**

·电器设备的安装空间尺寸、电源功率及水电需求等都需提前了解清楚。

·各水电点位需要与橱柜定制方沟通后确定，以免橱柜内部隔断与水电点位的位置产生矛盾。

厨房的电源插座点位

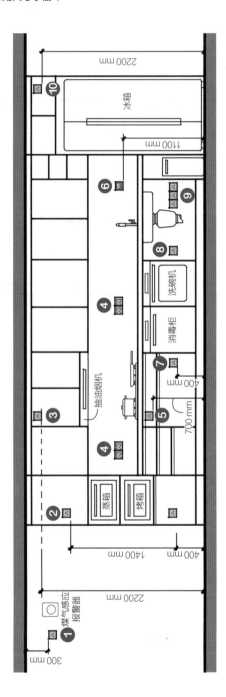

① 煤气感应报警器电源插座

距离天花板高度：300 mm。

② 嵌入式蒸烤箱电源插座

嵌入式设备的电源插座最好布置在隔壁或者上下相邻的柜子内，方便电源的插拔。

低位插座距离地面高度为400 mm，高位插座距离地面高度为1800 mm，两个插座之间间距至少为1400 mm。

③ 抽油烟机电源插座

距离地面高度：2200 mm。

④ 台面预留电源插座

可选择带开关的五孔插座，离煤气灶或水池尽量远一点。

距离地面高度：1100 mm。

⑤ 灶台电源插座

除了电磁灶，部分煤气灶也需要电源插座。

距离地面高度：700 mm。

⑥ 台盆下厨余垃圾处理器控制面板

建议设置在台面上。

距离地面高度：1100 mm。

⑦⑧ 洗碗机、消毒柜预留电源插座

这两种内嵌式电器的电源插座建议设置在隔壁柜子内。

距离地面高度：400 mm。

⑨ 台盆下预留电源插座

供厨余垃圾处理器、净水器、小厨宝等设备使用，可根据实际需求设置。

距离地面高度：400 mm。

⑩ 冰箱电源插座

嵌入橱柜的冰箱插座一般设置在上方柜体内。

距离地面高度：2200 mm。

3.5 卧室

　　卧室作为休息空间，是家中最具隐私性、最安全、最舒适和最温暖的地方。它可以简单到只有一张床，也可以丰富到放进各种我们期待的家具，比如床、梳妆台、衣帽间、电视柜、书桌等。

　　卧室到底能放下多少东西、承载多少功能呢？首先，需要明确的是，床作为睡眠的设施，是卧室最重要的家具，以它为核心，了解对应的床品的尺寸和周围所需要的空间，才能确定床的位置。其次，将其他家具按照合理的尺寸一一置入，当然，这一过程中避免不了要做一些取舍。最后，在空间舒适且宜人的基础上，保留我们需要的家具。这样，就可以收获一个温暖舒适的卧室了。

床的尺寸：比我们想象的大一些

● 床的宽度和长度

床的尺寸，一般情况下指的是床垫的宽度和长度。单人床的宽度一般为 900 ~ 1200 mm，双人床的宽度为 1500 ~ 1800 mm。但实际上，床的实际宽度和长度会比床垫要大一圈，而且不同床的实际尺寸不同，其具体放置床垫后的尺寸也是各不相同的。

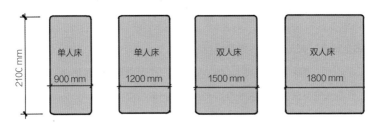

一定要先测量出卧室实际空间的大小，再规划好所需的预留走道的宽度，才能得出所需采购的床品的最大尺寸范围。

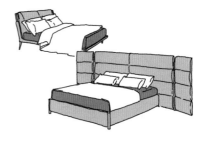

在选购床的时候，需要仔细核对产品的尺寸和规格，选择大小适合的床。如果迟迟无法选定心仪的床，那么可以按照长宽方向各预留 100 ~ 200 mm 的空间进行大概估算，这个尺寸可以放下大部分床具。

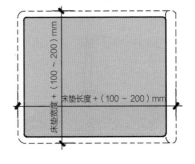

● 床的高度

作为业主，我们所关注床的高度，是指铺好床垫后的高度。适宜的床高应该在 400 ~ 450 mm，尤其对于腿脚不便或膝盖较为敏感的人群（比如老人等）来说，高度合适的床方便临时就座，也方便上下床。

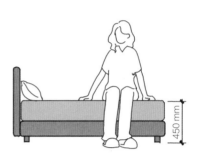

▼ 床的高度 = 床架高度 + 床垫厚度

在挑选成品床具和床垫时，我们需要关注床具中床架和床垫各自的高度。尤其是在如今厚床垫（不小于 200 mm）为市场主流的前提下，更要注意床架的实际高度，两者加起来距离地面的高度不要超过 450 mm。

同样的道理，设置地台床或榻榻米的高度时，也需要考虑选用的床垫的厚度。下方有储藏空间的地台床，为了方便使用，可以选择较轻较薄的垫子，那么地台本身的高度也可以相对较高（一般为 350 mm）。如果地台床下方不设置储藏空间，则和普通床一样，综合考虑想要选购床垫的厚度即可。

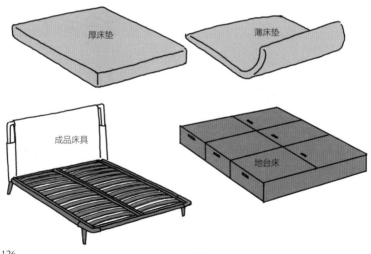

床周边的行动空间

床的侧面需要预留出走道，方便上床、下床和床铺的收拾整理。对于宽度不大于 1500 mm 的单人床，可以只留出一侧走道；对于双人床，最好两侧都能上下床，只留一侧走道，会造成一人从床尾"扑"上床，或是越过另一个人的位置爬过去。

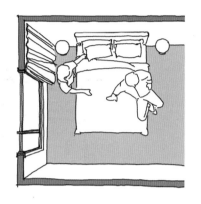

▼ **床侧边的走道宽度**

○ 一张床侧边可以上下床的走道宽度：最小宽度不小于 600 mm，舒适的宽度为 800 mm，若旁边有柜门需要打开，则宽度相应要有所增加。

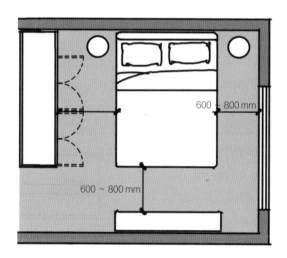

○ 两张床中间共用通行宽度：不小于 900 mm。

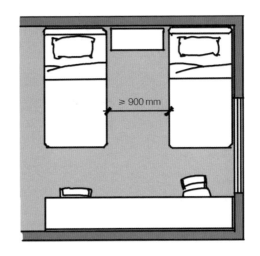

▶ **单纯铺床的走道宽度**

　　因为床铺上方是空的，所以仅考虑偶尔铺床的情况，最窄的走道可以留出 300 mm 的宽度，保证侧身通过即可。不过，这个宽度很难放下常见款式的床头柜，也很难起到其他任何实际作用，与其留一条"尴尬"的走道，不如通过调整整体布局，将走道增加到 450 mm 的宽度，既可以正面通过，又可以放下很多款式的床头柜。

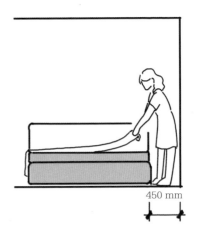

床头的照明

床头可以采用各种形式的灯具，比如台灯、壁灯、落地灯、吊灯等。

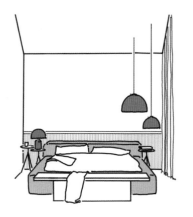

为了营造局部照明的温馨氛围，同时考虑到床头整体的视觉效果和阅读的需求，壁灯或吊灯的照明高度（即灯泡的高度）一般距离地面900 ~ 1500 mm。床头的照明基本都要设置在床头柜的正上方，以避免碰头的情况发生，或者将灯头可以调节至床头柜上方也可以。

900 ~ 1500 mm

衣物收纳是卧室的重要功能

卧室里最基本的配置除床以外，就是收纳衣服的衣柜了。即使很多家庭拥有了独立的衣帽间，也会选择在床附近设置少量衣物收纳的家具，比如衣柜或斗柜，用于放置常换的家居衣物或内衣，这样会更加方便。

▼ 斗柜的尺寸

○ 斗柜深度：350 ~ 500 mm。

斗柜和衣柜不同，通常用于收纳叠放的衣物，深度要求也比衣柜要小、要自由一些。

○ 斗柜高度：600 ~ 1500 mm。

斗柜的高度没有明确要求，但会影响抽屉的层数，因此除收纳量的需求外，还需要考虑房间立面设计的效果。

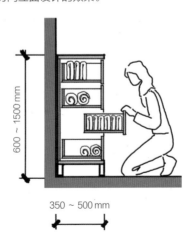

600 ~ 1500 mm

350 ~ 500 mm

▼ 衣柜的尺寸

○ 衣柜深度：550 ~ 600 mm。

衣柜深度需要满足衣物垂直挂放的需求，比 600 mm 深的柜子会造成内部空间浪费，比 550 mm 薄的柜子则无法收纳部分宽大的衣物。但是，在特殊的情况下，充分测量衣柜主人的衣物尺寸后，可以对衣柜的深度进行定制。

○ 衣柜高度：2200 mm 至房间净高。

成品衣柜的高度一般为 2200 mm，定制衣柜可做到通高，即利用整个房间的净高。

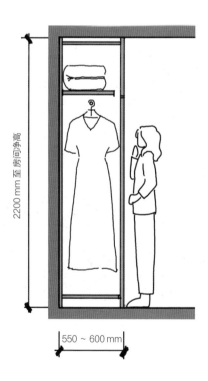

2200 mm 至房间净高

550 ~ 600 mm

衣柜的内部收纳空间

衣柜的内部空间可以根据所需收纳物品的类型、尺寸及使用场景等进行模块化的排列组合，再结合自己所需的功能，采用对应的尺寸，进行合理的布局规划。

常见的衣柜内部可能需要以下几类收纳空间：挂衣区、挂裤区、被褥收纳区、抽屉式收纳区、饰品穿戴区、包鞋帽收纳区、保险柜区。

接下来分别介绍每一类收纳空间所需的基本尺寸及相关常识，帮助大家理解尺寸背后的逻辑，从而在实际布置的过程中根据自己的情况进行进一步取舍和判断。

● 挂衣区和挂裤区

一般情况下，当季衣物、厚重衣物、容易褶皱和不可折叠的衣物，都需要以吊挂的方式来收纳。因此，衣柜大部分空间都用于收纳吊挂的衣物了。在这其中，因为长款和短款衣物的长度差距较大，所以按照长衣区和短衣区进行分类收纳，可以更高效地利用衣柜内部空间。如果衣柜尺寸较小，不方便分类收纳或无法明确衣物的具体数量，那么也可以将长短衣物各自集中挂放，这样短衣区下方的剩余空间还可以利用挂衣杆打造成挂裤区。

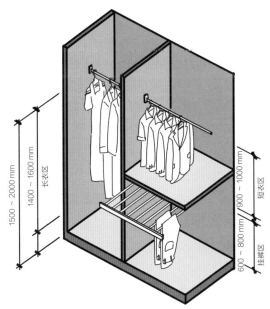

▲ 挂衣区、挂裤区的建议尺寸

○ 长衣区内部高度：1400 ~ 1600 mm。

○ 短衣区内部高度：900 ~ 1000 mm。

○ 挂裤区内部高度：600 ~ 800 mm。

○ 长衣区的挂衣杆距离地面的高度：1500 ~ 2000 mm。

○ 挂裤区的挂衣杆距离地面的高度：700 ~ 1000 mm。

● 被褥收纳区、抽屉式收纳区和饰品穿戴区

▶ 被褥收纳区的建议尺寸

被褥收纳区的棉被、枕头等床品一般都会换季时更换,更换频率不高,因此这类床品收纳在衣柜的顶部区域。

○ 被褥收纳区内部高度:400 ~ 500 mm。

▶ 饰品穿戴区的建议尺寸

如果有饰品穿戴的需求且饰品数量较多,那么建议在饰品收纳抽屉的上方留出一定的空间作为饰品穿戴区。这个区域可以不设置柜门,直接做开放式设计,一方面方便直接使用及时穿戴,另一方面又可以加强柜体立面的变化感和装饰感。

○ 饰品穿戴区内部高度:不小于 550 mm。

▶ 抽屉式收纳区的建议尺寸

除了吊挂的衣物,衣柜内部还需要部分抽屉式收纳空间来收纳其他类型的衣物和物品,比如可以叠放或卷放的 T 恤、毛衣、围巾、内衣等衣物,墨镜、手表、耳环、项链等饰品,以及家庭重要的文件档案(可以选择抽屉式的保险柜)等。

○ 衣物抽屉高度:200 ~ 300 mm。
○ 内衣抽屉高度:100 ~ 150 mm。
○ 文件抽屉高度:100 ~ 150 mm。
○ 饰品抽屉高度: 50 ~ 100 mm。

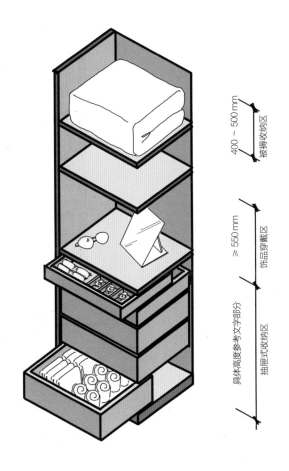

被褥收纳区 400 ~ 500 mm

饰品穿戴区 ≥ 550 mm

抽屉式收纳区 具体高度参考文字部分

● **包鞋帽收纳区和保险柜区**

▼ **包鞋帽收纳区的建议尺寸**

对于日常使用的包、鞋子和帽子，更推荐使用普通的搁板进行收纳。可以是固定间距的搁板，也可以采用活动层板，根据具体需求来调整其竖向间距。

○ 搁板之间间隔高度：300 ~ 400 mm。

如果有行李箱的收纳需求，由于行李箱的尺寸普遍偏大，因此建议在靠近柜体底部位置留出充足的空间进行放置。

○ 行李箱收纳区高度：600 ~ 700 mm。

这个尺寸的收纳空间基本可以放下22英寸（对角线长733 mm）及以下规格的行李箱。如果宽度可以做到700 mm以上，那么此规格以上的行李箱调整放置方向后也可以收纳其中。

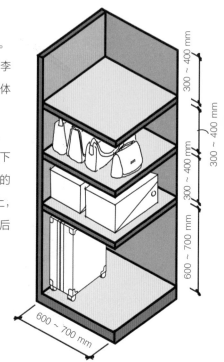

▶ **保险柜区的建议尺寸**

单独的保险柜区需要先选定保险箱产品，再规划收纳空间，只要柜体内的收纳空间大于保险箱本身即可。

因为保险箱比较重，所以一定要放置在柜体底部区域。建议保险箱区域不设置柜体底板，让箱体直接落地，或者设置底板时将其进行加固设计。如果有设置保险箱区的需求，那么一定要提前与厂家沟通。

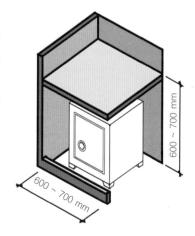

衣柜所需的空间：不只是衣柜本身

　　衣柜所需的空间除柜子本身体积之外，还需要考虑其柜门或抽屉的开启形式和所需尺寸，必须要留出充分的空间才能保证使用舒适。由于卧室的布局大多比较紧凑，因此更需要注意上述要求。

▼ **衣柜、斗柜的开启方式与所需空间大小**

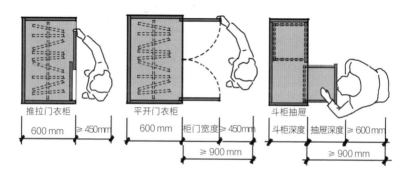

推拉门衣柜	平开门衣柜	斗柜抽屉
600 mm　≥450mm	600 mm　柜门宽度 ≥450mm ≥ 900 mm	斗柜深度 抽屉深度 ≥ 600 mm ≥ 900 mm

▶ **床与衣柜之间的距离**

　　当衣柜设置在床的一侧时，无论沿着床的长边还是短边，其与床之间至少要留出 900 mm 宽的走道。在这个尺寸下，可以一个人站在柜子前挑选或整理衣物，后方方便家人通过，同时还为下蹲取物或使用板凳、梯子等工具留出较为充足的空间。如果卧室空间实在有限，则可以选择推拉门衣柜，走道宽度最窄可以做到450 mm。

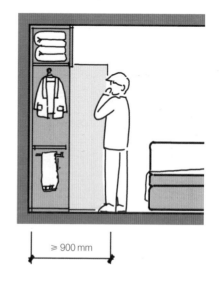

≥ 900 mm

衣柜的升级版：衣帽间

伴随着住房条件的提升、户型设计的精细化和卧室面积的增大，步入式衣帽间渐渐成为主卧空间的"标配"。此外，由于还需要考虑步入所需的行走空间，因此步入式衣帽间内部所需的尺寸和独立衣柜完全不同。

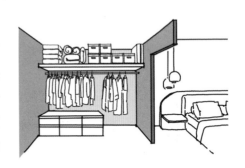

▼ 衣帽间布局一：封闭式衣柜

○ 封闭式衣柜深度：550 ~ 600 mm，设置柜门。

○ 仅通行的走道宽度：衣柜之间不小于 800 mm。

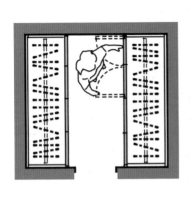
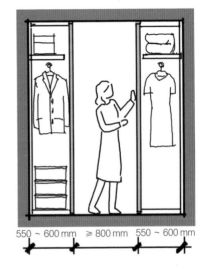

550 ~ 600 mm   ≥ 800 mm   550 ~ 600 mm

▼ 衣帽间布局二：开放式衣柜

○ 开放式衣柜深度：500 ~ 550 mm，不设置柜门，直接进行衣物收纳。

○ 其他收纳形式深度：350 ~ 400 mm，可放置折叠衣物、鞋子、小型箱包等其他物品。

○ 仅通行的走道宽度：衣柜之间不小于 600 mm。

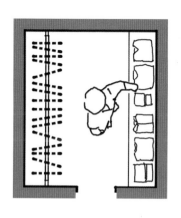

500 ~ 550 mm   ≥ 600 mm   350 ~ 400mm

▼ 衣帽间布局三：开放式衣柜

○ 开放式衣柜深度：500 ~ 550 mm，不设置柜门，直接进行衣物收纳。

○ 仅通行的走道宽度：可供换衣服的间距不小于 900 mm。

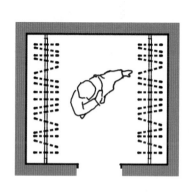
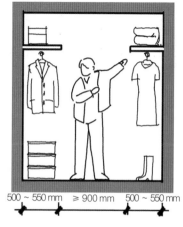

500 ~ 550 mm   ≥ 900 mm   500 ~ 550 mm

▼ 设置中岛台或中岛柜的衣帽间

当衣帽间空间比较充足时，可以设置中岛台或中岛柜，一方面可以充分利用空间，另一方面也可以将一部分首饰或配饰展示出来。

○ 中岛台的深度：不小于 300 mm。

中岛台或中岛柜的深度以收纳物品的尺寸为准，最小为 300 mm，最大尺寸以房间布局为参考。

○ 中岛台的宽度：以房间布局为参考。

中岛台的宽度没有特别的要求，最大尺寸以房间布局为参考即可。

○ 中岛台的高度：750 ~ 1100 mm。

如果考虑坐着使用中岛台，其高度可以略低；站立使用的中岛台则可以高一些，一般做到 1000 mm 以上的高度使用起来较为舒适。

○ 中岛台周边的走道宽度：不小于 900 mm。

中岛台和周边柜体的间距除了要考虑正常通行的宽度，也要考虑坐和蹲的时候使用中岛台的需求，一般做到 900 mm 以上的间距使用起来较为舒适。

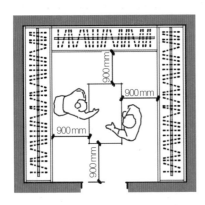
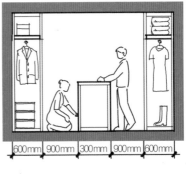

无论什么样的衣帽间布局，都需要根据各种不同的因素和情况来具体调整衣柜的深度和走道的宽度。无论是经济高效的小衣帽间，还是舒适豪华的步入式衣帽间，其基本逻辑都是一样的，即充足合理的收纳空间加上尺寸适宜的走道宽度。

书桌或梳妆台，提升卧室的功能

如果卧室有足够的空间，则可以打造桌面作为书桌或梳妆台，这样就可以为卧室补充必要的功能，提高空间的使用率。

▼ 台面的尺寸

○ 台面宽度：没有实墙时，不小丁 700 mm；有实墙时，不小于 900 mm。

○ 台面深度：作为梳妆台，最小可以做到 400 mm；如果有台式电脑，则桌面深度不应小于 600 mm。

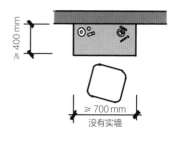

没有实墙

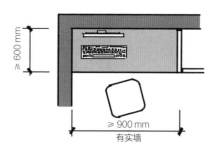

有实墙

○ 台面距离地面的高度：750 mm。

如果台面上方有置物架层板，那么台面和层板之间的距离不应小于 550 mm，这个尺寸可以放下一般家庭使用的台式电脑屏幕。

○ 置物架层板深度：200 ～ 300 mm。

装饰品、化妆品或其他小件物品可以选择较窄的层板。如果作为书架使用，则深度可以做到 250 ～ 300 mm。

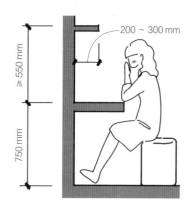

桌面周边的行动空间

和餐桌周边的活动空间原理一样，书桌或梳妆台的周边也需要考虑坐下、站起和离开等各种动作所需要的空间。

单人使用的桌面和床之间的空间需要容纳我们坐下、站起和旋转椅子等动作。宽度 750 mm 的空间可供正常使用书桌搭配的单椅或人体工学椅。如果卧室空间较小，且化妆区选用较小的坐凳，那么最小宽度可以做到 550 ~ 600 mm。

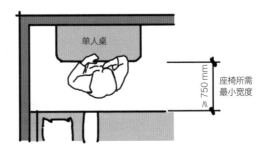

双人使用的桌面，需要考虑座位后方有人通行的情况，因此桌面和床之间的距离需要适度加大。

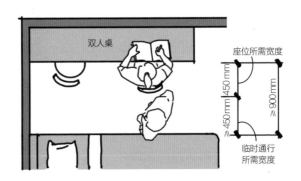

卧室的插座和电源

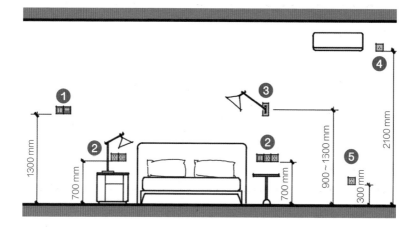

① 灯的开关及地暖、空调控制面板

距离地面高度：1300 mm。

② 床头柜上方电源插座及开关

床头柜上方预留一组含 USB 接口的电源插座，可供手机等设备充电，以及用作台灯的电源插座。

床头距离门口较远的一侧可增加一组控制房间灯的开关。

距离地面高度：700 mm。

③ 床头壁灯预留电源线

壁灯预留电源线距离地面高度：900 ~ 1600 mm。

④ 分体式空调机电源（16A）插座

距离地面高度：2100 mm。

⑤ 预留电源插座

可供电扇、空气净化器、吸尘器等设备使用。

距离地面高度：300 mm。

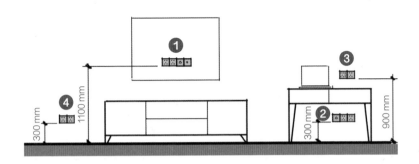

① 电视背景墙电源插座

含五孔插座 1 ~ 2 个（根据实际需要酌情增加），网线端口及电源端口根据需求设置。

距离地面高度：1100 mm。

② 写字台、梳妆台下方电源插座

含五孔插座 2 个，梳妆台下方建议再增加一个网络接口。

距离地面高度：300 mm。

③ 桌面上方电源插座

含五孔插座 2 ~ 3 个，最好含 USB 接口，方便手机等设备充电。

若是成品书桌已含桌面插座，则无须预留这组台面上的电源插座。

距离地面高度：900 mm。

④ 预留电源插座

可供电扇、空气净化器、吸尘器等设备使用。

距离地面高度：300 mm。

3.6 书房

　　书房，可以用于阅读、学习或工作，书房空间可以小到一张书桌、一把椅子，也可以大到拥有独立的整个房间，其中配置书桌、椅子，以及可以收纳大量书籍的书架等家具。

　　无论哪种形式的书房，只要满足基本的尺寸要求，做到让人坐得舒服、用得顺手，就是一个很好的思考和学习的场所。

书桌是书房的核心

书桌是书房的核心角色，它的基本尺寸需要满足书写、阅读和使用电脑等基本功能的需求。

▼ 书桌的尺寸

○ 单人使用桌面宽度：不小于 1000 mm。

○ 双人使用桌面宽度：不小于 2000 mm。

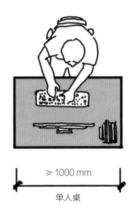

≥ 1000 mm

单人桌

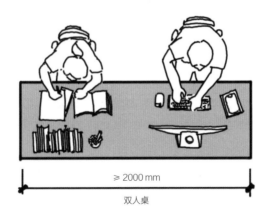

≥ 2000 mm

双人桌

○ 桌面深度：600 ~ 750 mm。

○ 桌面距离地面的高度：750 mm。

桌面上方可设置搁板或吊柜，其高度需满足下方放置电脑屏幕的需求，又不能太高，否则会导致无法轻松拿取物品。桌面下方设置抽屉，可以收纳各种文具、小件物品或文件。

○ 搁板、吊柜底层距离桌面的高度：
不小于 550 mm。

如果电脑屏幕尺寸较为特殊或需要多个显示器组合摆放，建议提前根据屏幕尺寸复核吊柜和搁板下方预留的高度是否够用。

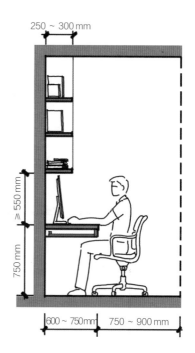

○ 台面抽屉高度：100 ~ 150 mm。

正常 750 mm 高的桌面下方可以打造抽屉，但要注意不能影响放腿的空间。如果是更低的非标准高度的桌面，则需要复核下方空间在做好抽屉后，和椅子座位之间能否满足 250 mm 的度高差，以便放腿。

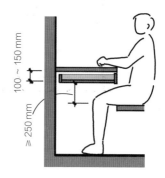

围绕书桌的行动空间

　　首先，我们需要考虑使用书桌就座时的空间，也要预留出入座和离座时调整座椅所需要的空间。

　　其次，在书桌周边有通行需求的时候，也需要留足走道的宽度。在有多条路径的情况下，可以根据使用的频率和情境来具体判断其最小宽度。例如，临时或辅助的走道宽度比主要走道宽度略窄，有穿越和通过需求的走道宽度需要宽一些，两侧都有功能空间的走道宽度需要叠加行动所需空间的宽度。

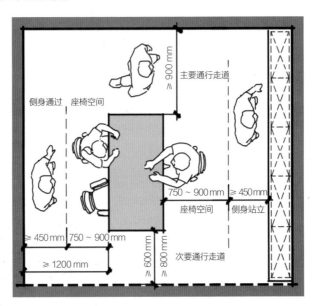

▲ **走道宽度**

○　主要通行走道宽度：不小于 900 mm。

○　次要通行走道宽度：基本宽度不小于 600 mm，通行舒适的宽度不小于 800 mm。

○　侧身通行或站立的走道宽度：不小于 450 mm。

○　座椅拉开所需的走道宽度：750 ~ 900 mm。

书架的尺寸取决于书本的尺寸

书架是专门为了储藏、展示书籍的收纳空间，其内部深度、层板间距都取决于准备放在其中的书本的尺寸。

▼ **常见书本的尺寸**

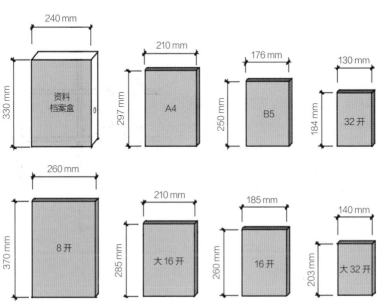

▶ **书架的尺寸**

○ 书架层板的深度：300 ~ 350 mm。

○ 书架层板的间距：不小于 300 mm。

通常，书架都是按照数量最多的藏书的长宽来设计层板的间距和深度的，这样空间使用率更高。对于少数尺寸不常见的书籍，可以不必为它们专门改变书架尺寸，避免浪费空间。可以改变思路，将这些少量的书横放、侧放或放置在书桌上，不但可以解决收纳问题，而且不同的摆放方式还可以形成装饰效果，一举两得。

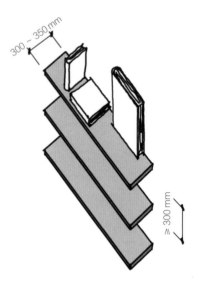

○ 竖向隔板间距：不大于 600 mm。

因为书架上要收纳大量书籍，书的重量比普通物品更重，所以层板之间需要做竖向隔板来进行受力的补强。具体间距需要综合考虑材料的受力能力、视觉效果以及收纳需求。拿常见的木质隔板举例，一般间距需要控制在 600 mm 以内。

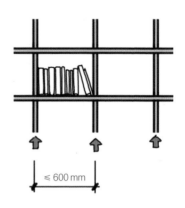

书桌的位置

● 沿墙布置书桌

　　书桌的摆放位置与书房的具体尺寸有较大关系。沿墙布置的书桌因为仅需要在一侧留出就座和行走宽度，所以较为节省空间。传统的书桌因为放在书房的中央，需要考虑更多通行和座位的宽度，所以对书房面积的需求更大一些。

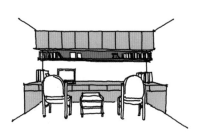

▶ 紧凑型书房的最好选择

　　沿墙布置书桌的布局实际就是将通行和座椅移动等行动空间集中在中间的空间，四周环绕设置书桌、书架等所需的功能家具。这样，所有功能区的行动空间都是共用的，整体空间的利用率更高。对于需要独立书房但空间又有限的家庭，选择此类布局的空间使用效率相对会更高。

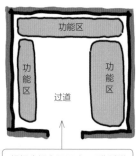

根据房间实际尺寸、环绕过道布置空间

　　下面列举 3 种沿墙布置的书桌：

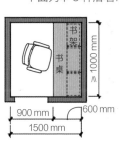

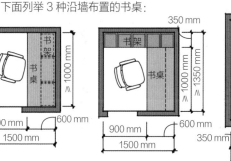

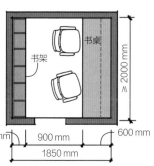

● 中央布置书桌

书桌布置在房间中央时，意味着将其作为中心，需要在周边保留对应的行动空间和其他功能区所需的尺寸。总的来说，这样布局需要书房空间更大。

▼ 书桌在中央的布局

书桌作为中心，可根据房间实际尺寸环绕它布置过道，再植入功能区，比如一组书架、一组长凳、一个沙发、一组收纳柜等。

下面列举 3 种中央布置的书桌:

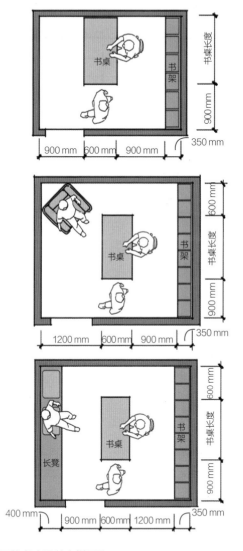

你想要的书房是什么样子?

　　尝试把所有功能需求对应的家具或物品尝试布置在房间内,并预留充足的行动空间,这样就可以简单预判一下自己的需求是不是超过了这个房间的承载能力。而选择合适的布局,就是实现书房最大承载能力的第一步。

书房的插座与开关

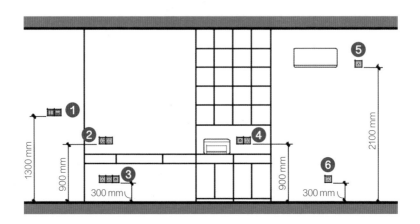

① 灯的开关及暖风、空调控制面板

距离地面高度：1300 mm。

② 桌面上方电源插座

含五孔插座 2 ~ 3 个，最好含 USB 接口，方便手机等设备充电。

若是成品书桌已含桌面插座，则无须预留这组台面上的电源插座。

距离地面高度：900 mm。

③ 写字台、梳妆台下方电源插座

含五孔插座 2 个，以及网络接口 1 个。

距离地面高度：300 mm。

④ 书架内预留电源插座

如果书架内有放置打印机或其他办公电器需求的话，需要预留电源插座及
网线端口。

距离地面高度：900 mm。

⑤ 分体式空调机电源（16A）插座

距离地面高度：2100 mm。

⑥ 其他预留电源插座

可供电扇、空气净化器、吸尘器等设备使用。

距离地面高度：300 mm。

⑦ 独立书桌电源插座

在独立书桌完全不靠墙的情况下，需要在书桌投影范围内设置地插，这就需要在水电布置阶段提前规划、开槽和布线。

3.7 卫生间

　　卫生间虽然是家中使用频率并不高的空间，但是其重要性却不言而喻。然而，目前大部分的商品住宅是从建筑设计层面上规划的，留给卫生间的空间极为有限。当然，这也是能够理解的，毕竟把更多室内空间留给客厅、卧室等居室空间是更佳的选择。

　　空间有限意味着我们对卫生间的内部设计和布局尺寸要更精准，才能充分利用好每个空间，从而让卫生间实现所需要的功能，同时拥有更舒适的使用感受。

卫生间功能：模块化的组合

如果将卫生间所能设置的功能区和周边所需的使用空间结合考虑，就会发现，每一种功能区都有其对应的最小尺寸。可以说，卫生间的设计就像是拼积木，将这些功能区模块化，并根据实际空间进行选择、搭配和组合。一般功能模块有台盆区、坐便器区、淋浴区、浴缸区、更衣区、洗衣区。

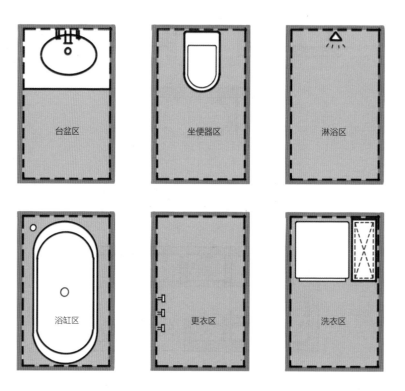

▼ 卫生间的模块组合

需要注意的是，不是所有的卫生间都必须包含上述所有的功能模块，我们可以根据自己家的实际需求和空间大小作出取舍。比如，面积较小、偏经济紧凑型的卫生间，只需要具备最重要的台盆区、坐便器区及淋浴区即可；面积大一点儿的豪华型卫生间在拥有基本的 3 项功能模块之外，还可以根据个人喜好设置浴缸区；仅作为公共区域或者不过夜访客的卫生间，就只需要布置台盆区和坐便器区即可。

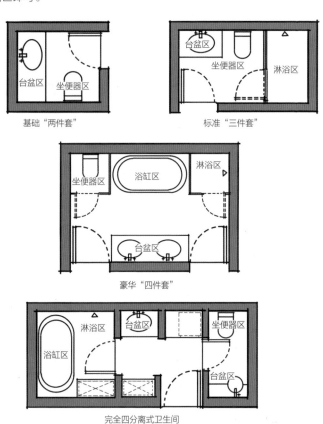

基础"两件套"

标准"三件套"

豪华"四件套"

完全四分离式卫生间

卫生间的实际面积、使用需求、生活习惯等各不相同，各种要素共同决定了卫生间该如何配置。小小的卫生间，需要我们做的决策并不简单。

功能模块之间的界面

在分别讨论每一个功能模块最小或最合理的尺寸前，需要明白一个前提，就是功能模块之间的界面（即分隔或隔断的形式），会影响我们在其中行动的便利程度。因为大多数卫生间的空间都很有限，所以界面的影响力就非常大了。

▼ 空间所需的最小尺寸需要根据各个功能模块之间的界面来确定

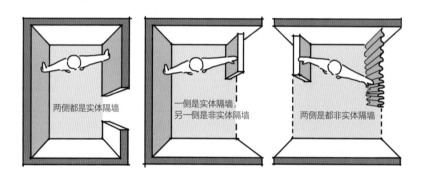

两侧都是实体隔墙

一侧是实体隔墙，另一侧是非实体隔墙

两侧是都非实体隔墙

如果功能模块的界面是硬质的，比如墙壁、玻璃等实体隔断，并且高于人体高度，那么对于空间最小尺寸的要求会略高一些。而对于原本空间就有限的卫生间来说，实体隔断对人在其中活动的影响或阻碍会更大。

相对而言，如果功能模块的界面是软质的，或者不高于人体半身高度，比如浴帘、半墙高的隔断或家具等，则空间尺寸的约束就没有通高实体隔断或隔墙那么大。这样我们活动时受到的影响或干扰会小一些，尤其是对主要运动的上半身。

台盆区的基本尺寸

● 台面的尺寸

▼ 台面的宽度

○ 台盆的中心距离两侧的台面宽度：不小于400mm。

方便低头洗漱时双臂可以最大限度地伸展。如果没有洗头这样比较大的动作，则这个距离可以不小于300mm。

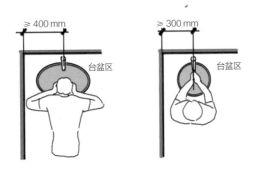

○ 单台盆的台面宽度：若两侧都是实体墙面，则不应小于900mm。

如果只有单侧有隔墙或隔断，在保证台盆中心距离墙面足够的前提下，根据实际情况来选择适合的产品即可。

○ 双台盆的台面宽度：基本宽度不小于1400mm，舒适宽度不小于1800mm。

最主要的考虑因素是，需要容纳两个人同时洗头发等较大的动作而不会互相影响。

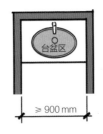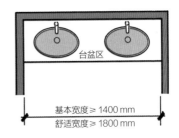

▼ 台面的深度

○ 可以完整安装台盆的深度：450 ~ 600 mm。

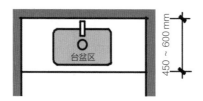

○ 台盆留在台面的深度：不小于 350mm。

台面可以有一定的置物收纳功能，如果没有储藏收纳的需求，则这个尺寸可以根据美观需要自行调整。

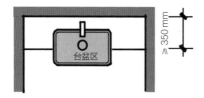

○ 独立式或一体式台盆的深度：不小于 300 mm。

这基本是台盆的最小尺寸了，深度再小的台盆用于洗脸，可能会溅水。

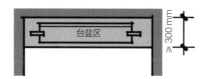

▶ **台盆的高度**

○ 台上盆的盆边或台下盆的台面距
　离地面的高度：800 ～ 850mm。

▶ **有必要设计儿童台盆吗？**

　　在普通家庭，考虑到儿童台盆的
使用年限，不需要专门为孩子设计儿
童台盆。与公共场所中常年有儿童使
用台盆的情况不同，每个家庭中使用
儿童台盆的人是固定的，而且他们会
长大，因此儿童台盆的使用年限和大
部分家庭的装修周期相比，并不划算。

　　综上所述，有孩子的家庭，更推荐
搭配相关的辅助设施，比如 300 mm
高的脚踏凳及就近收纳的空间，这样，
儿童使用正常高度的台盆，使用年限
会更久、更划算。

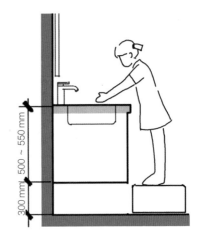

○ 台面距离脚踏凳的高度：500 ～ 550 mm。

○ 脚踏凳距离地面的高度：300 mm。

● 台盆前的活动空间

台盆前需要保留足够的活动空间，以便完成一系列相关动作，比如站立、弯腰和转身。一般台盆前的深度至少要有 800 mm 才能完成上述动作。

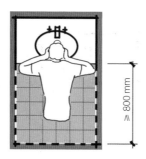

如果这个空间还兼作通行走道，那么其尺寸需要再扩大一些，让使用台盆和通行的需求都得到满足。

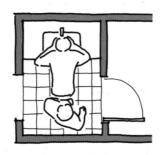

双台盆前的走道宽度需要考虑一人洗漱、另一人经过的情况，卫生间干区洗面台前的走道宽度则需要考虑一人使用台盆、一人走进卫生间内部的情况。

● **台盆前的通行走道**

　　如前文所述，如果台盆前留有走道空间，那么需要的尺寸要比单独站立使用时更大一些，推荐深度做到 1200 mm，会相对比较舒适。

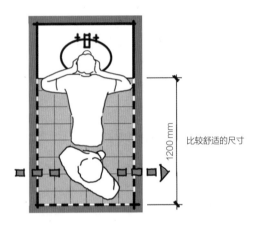

1200 mm

比较舒适的尺寸

　　如果空间有限，又一定要保留通行功能，那么走道的深度最窄也要做到 900 mm。在这个尺寸下，台盆使用者需要避让通行的人。

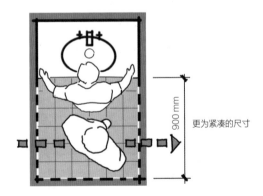

900 mm

更为紧凑的尺寸

　　虽然交错通行的情况可能在人口较少的家庭中并不常见，但是为了尽可能让生活空间更加宽裕，这就需要业主作出更适合自己家庭的选择和决策。作为设计师，则要为业主提供更为高效和合理的布局。

● 镜子和镜柜

镜子一般按照中心距离地面高度 1500 mm 的位置安装。也可以根据视线高度进行复核，使用者身高减去 100 mm 的高度，大致为人的视平线高度，在此基础上的上方 200 mm 至下方 400 mm 的范围内，就是镜子的映照范围了。

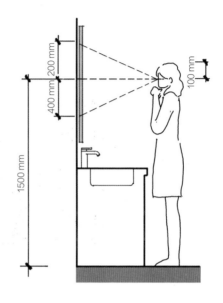

镜柜的底部距离台盆上沿不小于 300 mm，以此作为水龙头安装及使用的空间。

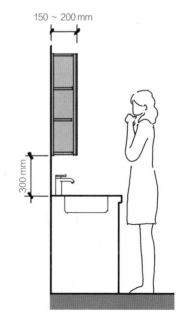

● **照明的位置**

　　台盆前的照明会影响我们化妆或观察自己面部情况的效果，同时还要满足营造特定氛围以及提升整体照明的需求。因此，选择照明时一定要明确自己的目标和需求。

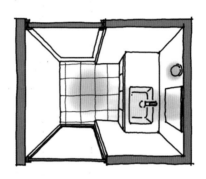

▼ **照明方式一：顶部照明**

　　最好设计在台盆中央的正上方（一般是下水孔的正上方），这样灯光会落在我们面部的前方，不会产生过多阴影。不过若有化妆需求的话，最好还是在我们面前设置局部照明，这样效果更佳。

▼ 照明方式二：壁灯

镜子两侧壁灯距离地面的高度应为 1600 mm，需要避免设置在视野正对的范围内，否则会造成炫目。镜前灯距离地面的高度应为 1800 mm，或是根据镜子位置设置在其正上方。单独的镜前灯的化妆照明效果并不佳，需要补充其他照明。

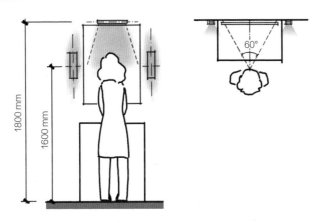

▼ 照明方式三：镜柜灯带

最好在化妆区域的镜子两侧或四周都设置照明，比如在镜柜上下设置的灯带会起到氛围照明的效果。如果搭配顶部照明，则可以进一步满足业主的化妆照明需求。

坐便器区的基本尺寸

▶ **设置坐便器区的基本空间要求**

○ 最小宽度：两侧均为实体墙面的话，不应小于 900 mm，至少一侧为非实
体墙则不应小于 750 mm。

坐便器中心距离手纸盒一侧的墙面或家具表面要做到 450 ~ 500 mm，
太远的话有可能会够不到手纸。

○ 最小深度：实体墙面或独立坐便器的深度不小应于 1100 mm，非独立空
间的坐便器前需要 450 ~ 500 mm 的深度作为站立空间。

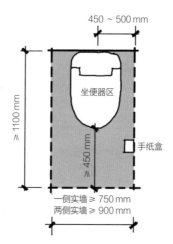

▶ **在坐便器区增加洗手台盆**

如果要在独立的坐便器区内增加其
他功能，比如独立的洗手台盆，则需要
增加对应设备所需的深度（参考台盆区
的深度）。

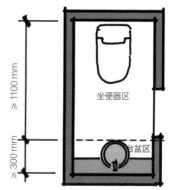

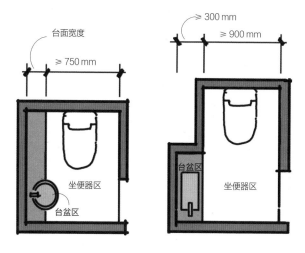

▼ 手纸盒位置

○ 手纸盒距离地面的高度：750 mm。

○ 手纸盒距离墙边的宽度：800 ~ 900 mm。

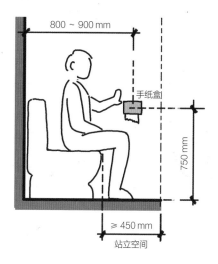

淋浴区的基本尺寸

▼ 设置淋浴区的基本空间要求

淋浴区内部需保证有直径 800 mm 的回转空间。同时，淋浴间或淋浴房的最小尺寸和整个空间的形状也有关系。

○ 正方形、钻石形、扇形的淋浴间长度和宽度：都不小于 900 mm 。

○ 长方形淋浴间的尺寸：长度不小于 1100 mm 时，宽度最小可以做到 800 mm 。

○ 淋浴间的开门尺寸：无论采用何种开门形式，最小的可通行门洞宽度为 600 mm 。

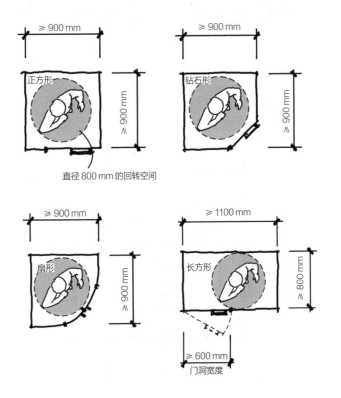

▼ 花洒、壁龛或置物架等相关尺寸

○ 淋浴花洒距离地面的高度：2000 ~ 2200 mm。

○ 淋浴控制器及开关距离地面的高度：1100 mm。

○ 壁龛底边距离地面的高度：900 ~ 1100 mm。

○ 壁龛层板间距的高度：不小于 300 mm。

○ 壁龛层板深度：150 ~ 300 mm。

○ 置物架底边距离地面的高度：1500 mm。

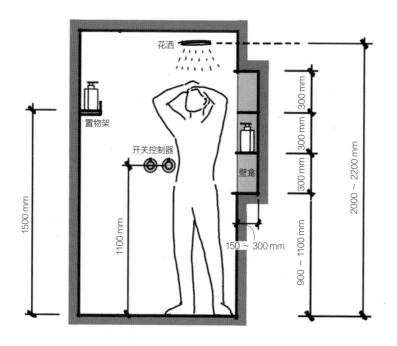

浴缸区的基本尺寸

▼ 浴缸区的常见尺寸

浴缸区通常没有固定的设计，有时候是独立空间，有时候和其他功能区合用。

设计前最基本的就是先了解浴缸的尺寸。一般的浴缸长度为 1200 ~ 1900 mm，最常见的长度为 1700 mm，如今也有极小的成品浴缸长度可以做到 900 mm。宽度一般为 700 ~ 900 mm，高度为 600 ~ 700 mm。

选择哪一款浴缸，首先需要根据卫生间的实际尺寸来考虑浴缸区的宽度和长度，以及卫生间门洞的尺寸。其次要根据自己喜好的泡澡方式进行选择，长浴缸可以更好地进行全身浴，短浴缸则通常需要更大的深度以坐姿进行泡澡。

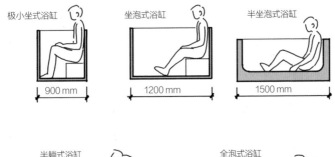

▶ 进出浴缸也需要一定的空间

除了浴缸本身的尺寸，进出浴缸也需要预留充足的空间。

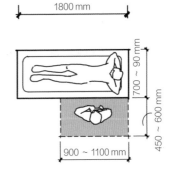

更衣区的基本尺寸

▶ **设置更衣区的基本空间要求**

更衣区多数情况下是一个"隐形"的空间，但却不能因此而忽略它。更衣区必须贴临淋浴区设置，还需要考虑人脱衣服的动作和回转的空间（直径为 800 mm）。

更衣区可以设置在其他许多功能模块中，利用其中的活动空间作为更衣区。

直径 800 mm 的回转空间

▼ **更衣区设置在其他功能区内的布局**

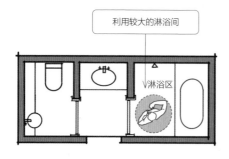

利用较大的淋浴间

淋浴区

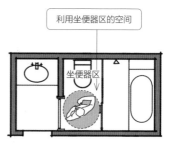

利用坐便器区的空间

坐便器区

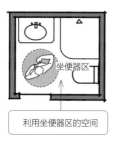

坐便器区

利用坐便器区的空间

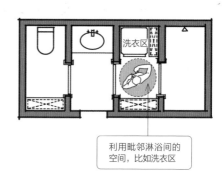

洗衣区

利用毗邻淋浴间的空间，比如洗衣区

▼ 更衣区要考虑衣物的挂放

○ 挂钩距离地面的高度：1500 ~ 1700 mm。

○ 折叠脏衣篮距离地面的高度：100 ~ 150 mm。其实没有特别的高
度要求，只要注意底部距离地面的高度即可，方便下方清洁打扫。

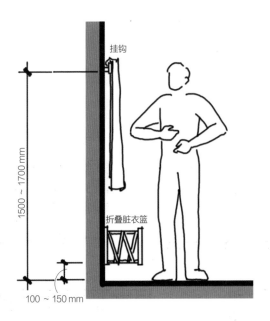

洗衣区的基本尺寸

▶ **设置洗衣区的基本空间要求**

洗衣区的最小宽度取决于洗衣机及烘干机的尺寸和摆放方式。

在空间比较有限的卫生间内设置洗衣区，一般都只放单台洗衣机，或是采用上下叠放的洗烘套装。因此，空间所需最小的宽度即洗衣机本身的宽度（一般是 600 mm）加上安装空间（80 ~ 100 mm）。

如果洗衣机上方还要安装吊柜，那么也需要考虑预留一定的空隙。一般洗烘套装所需预留的安装空间高度为 1800 mm。

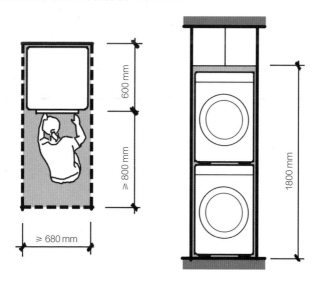

洗衣区的活动空间和其他功能区不同，洗衣区的活动空间因为无须考虑人们在其内部会有较大的回转动作，所以宽度要求不高。不过，如果设计上下叠放的洗烘套装，且下方的机器落地放置，则需要预留出充足的下蹲、弯腰取物的空间。

卫生间的其他配件

卫生间的五金配件包括毛巾杆、电热毛巾架、置物架等，其对应的高度最好能够根据家人的实际身高及使用场景来进行确定和复核。

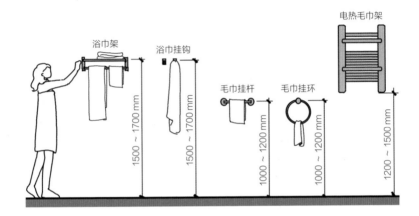

▲ 置物架的安装高度

○ 不含浴巾架距离地面的高度：不小于 1000 mm。

○ 含浴巾架距离地面的高度：1500 ~ 1700 mm。

○ 浴巾挂钩、衣服挂钩距离地面的高度：1500 ~ 1700 mm。

设置在坐便器上方的毛巾架尽量做到 1700 mm 以上，可避免在使用坐便器时碰头或浴巾碰到坐便器。

▲ 毛巾挂杆、挂环和电热毛巾架的安装高度

○ 毛巾挂杆、挂环距离地面的高度：1000 ~ 1200 mm。

○ 电热毛巾架的底部距离地面的高度：1200 ~ 1500 mm。

卫生间的给水排水点位

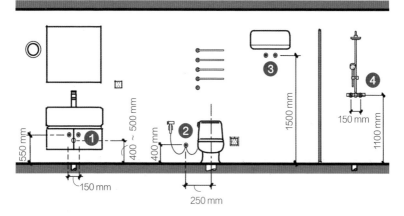

① 洗面台盆下方给水排水点位

给水阀门距离地面的高度为 550 mm，排水可采用墙排水或地面排水。其中，墙排水管距离地面的高度为 400 ~ 500 mm，这样才能既隐藏于台盆柜后，又不影响台盆的安装高度。

② 坐便器给水排水点位

冷水阀门一般设置于坐便器一侧，并且通过三通接出清洁喷枪，距离地面高度为 400 mm，距离坐便器中线 250 mm。坐便器下水与墙面的距离一般为 300 mm、350 mm 或 400 mm，需要在装修水电阶段前选好坐便器产品，并根据产品所需的安装空间来决定。

③ 热水器给水排水点位

阀门距离地面的高度：1500 mm。

④ 淋浴给水排水点位

阀门距离地面的高度：1100 mm。

> ● **水阀门的基本原则**
>
> ·一般左侧是热水、右侧是冷水，用红色代表热水，用蓝色代表冷水。
>
> ·热水阀和冷水阀的间距一般为 150 mm。

卫生间的电源插座点位

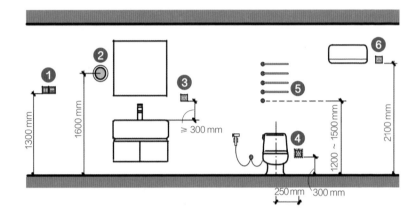

① 灯的开关及暖风机控制面板

距离地面高度：1300 mm。

② 灯具预留电源线

壁灯或镜柜灯预留电源点位距离地面的高度：1600 mm。

镜子顶部灯预留电源点位距离地面的高度：1800 ~ 2100 mm。

需要根据镜子的具体尺寸和安装位置复核。

③ 洗手池台面预留插座

可供电动牙刷、卷发棒、吹风机等小电器使用。

距离台面不应小于 300 mm。

④ 坐便器侧边预留插座

电动坐便器盖或智能坐便器需要用此插座供电。普通坐便器侧边预留此插座，可提供未来增加电动坐便器盖的可能性。

距离地面的高度为 300 mm，距离坐便器中线 250 mm。

⑤ 电热毛巾架预留电源

电热毛巾架除预留插座以外，也可在装修水电规划阶段就预留电源线，这样墙面效果更干净好看。

预留电源线的位置取决于毛巾架的具体要求和安装高度，一般距离地面的高度为 1200 ～ 1500 mm。

⑥ 电热水器电源插座

采用 16A 插座。

距离地面的高度：2100 mm。

● 卫生间电源插座的注意事项

·淋浴间范围内绝对不可以设置电源插座（无论是否采用防水措施）。

·卫生间内所有露在外面的电源插座建议都要加装防水罩，尤其是靠近台面、地面的插座。

3.8 洗衣房及家务间

　　衣服的清洁和晾晒是每个家庭非常重要的日常家务之一，因此洗衣区和洗衣房的存在是必不可少的。小到一台洗衣机居于卫生间一角，最大到一整间设备齐全的洗衣房，当然，更常见的是阳台上设置家务区，每个家庭中都应该有一个方便使用的洗衣区。同时，晾晒和洗衣应就近安排布置，方便这两个动作按顺序完成，减少带着湿淋淋的衣物辗转于家中各处的麻烦。

　　将使用、收纳、晾晒等各种需求综合考量，再加上洗衣设备及水电的要求，可见洗衣区这个小空间十分关注尺寸的高效利用问题。

洗衣机的尺寸

洗衣机的尺寸决定了其安装空间的尺寸，而安装空间又会影响洗衣房的布局，因此，我们需要对其有一个尺寸的把握。市面上常见的滚筒洗衣机的宽度和深度都约为 600 mm，高度约为 800 mm；翻盖的涡轮式洗衣机的尺寸由其容量和型号决定，高度则需要按照打开翻盖后的总高度来进行空间规划的考量。

除机器本身的尺寸外，为了安装便利，周边最好能够预留一些空隙。建议左右两侧各留 40 mm，方便安装置入机器；后方则预留 50 mm 水管和电源线路的空间。

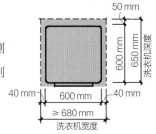

▶ 洗烘套装所需空间

○ 洗烘套装并排布置：
  宽度不小于 1300 mm，
  高度不小于 850 mm，
  深度不小于 650 mm。

○ 洗烘套装上下叠放：
  宽度不小于 680 mm，
  高度不小于 1800 mm，
  深度不小于 650 mm。

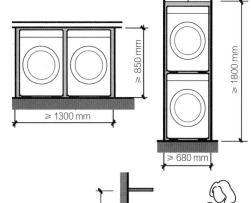

▶ 翻盖洗衣机需要注意高度

如果选用翻盖洗衣机，宽度和深度与滚筒洗衣机的注意事项差不多，唯有在高度上需要注意。尤其是上方还需要布置其他收纳空间的设计，一定要根据洗衣机的具体参数来预留充足的空间。

▼ 洗衣机可以放得高一点

如果空间足够并排布置一组洗烘套装，并且不想弯腰取放衣物，那么不妨考虑将洗烘套装直接抬高到站立就可以直接打开的位置。一般来讲，这意味着洗衣机的门需要布置在距离地面 1100 ～ 1500 mm 的位置。如果需要更加精确的高度定位，不妨针对自己的身高来模拟使用感受一下，比任何公式都更可靠的就是我们自己的身体尺寸和使用习惯。

需要注意的是，并非所有品牌的洗衣机都支持架高，需要提前咨询品牌方。

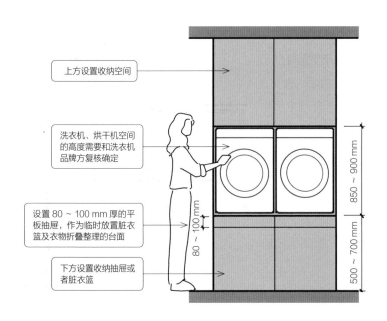

此外，下方的柜体内部最好采用钢架进行加固，避免洗衣机、烘干机的震动对柜体产生影响，不稳定的底座会影响洗烘套装的使用寿命。

洗衣区需要的辅助功能

▶ **洗手池：提升洗衣区的功能性**

对于不方便或无须用洗衣机进行清洗的物品来说，比如小件衣物、抹布、清洁用品等，拥有一个专用的洗手池就变得十分必要了。

○ 洗手池台面深度：600 mm。

○ 洗手池台面高度：850 ~ 900 mm。

○ 洗手池台面宽度：不小于600 mm（小于这个宽度很难操作）。

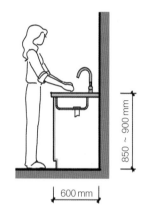

▶ **台面：让折叠及整理工作变得更加便捷**

设置充足的台面，可以为洗衣区提供一个进行折叠、熨烫和衣物整理的平台。

○ 台面深度：600 mm。

○ 台面高度：850 ~ 950 mm。

○ 台面宽度：不小于600 mm（小于这个宽度很难操作）。

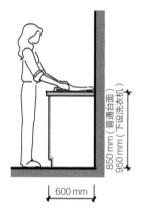

▶ **操作区的最小宽度**

无论是洗手池还是台面，操作区可使用的最小宽度需要达到600 mm以上，否则使用起来就很局促。如果无法做到这个尺寸，那么不如直接设置通高的柜体，提升其收纳功能，让空间的使用率更高。

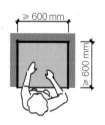

晾衣区有烘干机取代不了的作用

洗衣区和晾衣区最好就近安排，虽然大部分家庭会选择烘干功能以取代晾衣服这个流程，但生活中我们仍然是很难避免这一传统的晾晒需求。一些很少采用烘干功能的物件如内衣、鞋袜等，又或者有家庭成员仍旧倾向采用传统的晾晒方式，那么，保留可以直接日照及通风的晾衣区还是十分有必要的。

▼ 晾衣区的尺寸

和衣柜同理，一般一排衣服的晾衣区至少需要 600 mm 的深度。晾衣杆一般距离地面 2000 mm 左右，过低会影响人们从下方通过，过高则不方便衣物的取挂，即使有挂衣杆等辅助工具的也略显不方便。

▼ 若横向影响视野和使用，可以竖过来

　　如果没有家务阳台，并且对于衣物的晾晒需求没有那么大的家庭，不妨考虑顺着阳台的短边来布置晾衣杆或晾衣架，这样就可以减少下挂的衣物对视野产生影响。

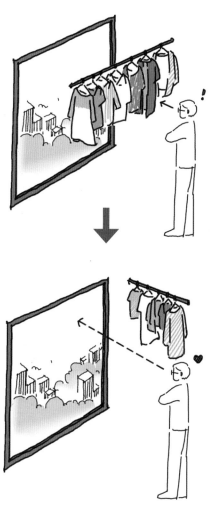

洗衣房的收纳功能

洗衣区或洗衣房通常会作为我们的家务中心，这意味着不仅需要收纳洗衣相关的物品，还需要考虑其他清洁用品、家务用具的收纳空间。

▶ 大件物品的收纳空间

烫衣板、吸尘器和蒸汽拖把等家务用具的尺寸都比较大，因此一定要提前规划。不仅收纳柜内空间的尺寸要留足，而且也需要考虑在其中布置电源插座，方便收纳的同时还可以充电。

▶ 小件杂物的收纳空间

和家中其他小件物品的收纳方法一样，一般推荐打造 300 ~ 400 mm 深的空间，这样比较方便物品的收纳和取放。

如果搭配洗衣机或操作台的整体高柜，想要高效利用 600 mm 深的收纳柜，可以参考厨房高柜的设计思路。

▶ 扫拖地机器人所需空间

扫拖地机器人基站的尺寸需要根据产品的具体尺寸来确定，包括基站后方电线占用的空间，以及上方可能还要留出的拿取配件所需的高度。如果设置柜门，那么门板下方要留出扫拖机器人出入的高度，一般为 100 ~ 150 mm。

将基站规划在收纳柜内时，一定要先选择好产品及型号，并根据厂家提供的技术参数来再次核对。

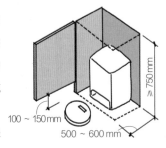

洗衣区的电源插座点位

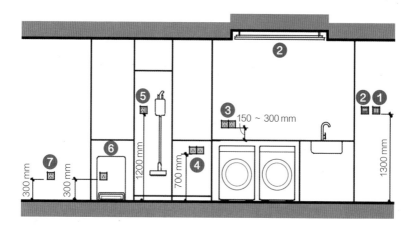

① 灯的开关及暖风机控制面板

距离地面的高度：1300 mm。

② 电动晾衣杆预留电源及控制面板

控制面板距离地面的高度：
1300 mm。

电动晾衣杆的预留电源点位需依据天花板上晾衣杆的高度进行安装。

③ 台面预留电源插座

家务台面需要考虑实用电熨斗等小家电的需求，一般可预留 1 ~ 2 个五孔插座。

距离台面的高度：150 ~ 300 mm。

④ 洗衣机、烘干机的电源插座

在机器隔壁的区域预留电源插座，最好能够避开水点位，如果空间有限，在同侧设置时，插座电源应预留在给水排水点位的上方。

距离地面的高度：500 ~ 700 mm。

⑤ 清洁工具收纳区内部预留电源插座

在收纳区预留 1 ~ 2 个电源插座，可以实现清洁工具的收纳和充电。

距离地面的高度：1200 mm。

⑥ 扫拖地机器人的电源插座

距离地面的高度：300 mm。

⑦ 预留电源插座

距离地面的高度：300 mm。

洗衣区的给水排水点位

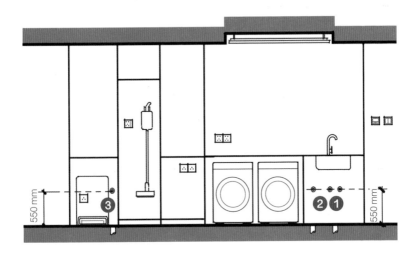

① 洗手池下方给水排水点位

给水阀门距离地面的高度为550 mm，排水建议采用常规的地排方式。

② 洗衣机给水排水点位

给水阀门距离地面的高度为550 mm，排水建议采用常规的地排方式。

③ 扫拖地机器人给水排水点位

给水阀门距离地面高度没有特别严格的规定，一般设置在400 ~ 550 mm 的范围内，排水建议采用常规的地排方式。

▼ 洗烘套装不同组合方式的水电点位建议

　　洗衣机、烘干机选择上下叠放或者左右并排时，插座和给水排水点位的位置需要做相应调整，让管线的规划更加经济合理，占用较小的收纳空间。

　　其基本原则是电源在上、水在下，这样就可以避免漏水带来的危险。如果是整体内嵌在柜体内的洗烘套装，那么水电点位的规划也需要考虑柜体内部的分隔和布局。

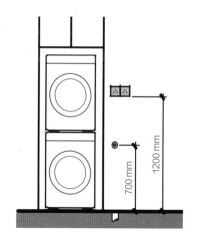

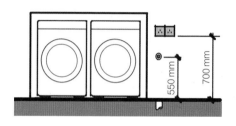

后记

设计的力量来自细节。这是一本关于尺寸的书，也是一本关于设计的书，更是一本关于生活的书。

在整理这本书中出现的那些尺寸和相关的理论知识时，我深深地感觉到，空间的每一个角落都充满了繁复的细节，是我们生活中的点点滴滴细密编织出的细节，其中有很多是我们普通人不会注意到的，但却在潜移默化地影响着我们日常生活的舒适度和便利性。好的设计都会关注到这些细节，并且体现在最终效果中，即将理论的数字、尺寸落实到实际空间和家具的每一个角落上。

我们常常在网络上看到各种非常漂亮的家居案例照片，并且希望自己未来的家能像其中某张照片那样充满魅力。但实际上，这只是设计视觉层面上的外在效果，并且非常主观——就像一千个读者心中有一千个哈姆雷特。作为家的主人，除了美学层面上的考虑，更应该关注的是自己家的一切是否贴合自己的生活习惯、是否能够恰到好处地实现更多的功能，以及是否能让每一个动作都舒适流畅地完成。视觉元素很重要，但生活本身更重要，而了解尺寸及尺寸背后的逻辑，就可以帮助我们在设计家的过程中，作出更合理的选择。

不过，这本书内谈到的尺寸也不要盲目应用，更需要理解的是尺寸背后的逻辑，而非尺寸数字本身。每个房子的面积和尺寸各有不同，功能布局多种多样，我们自身的身体尺寸也各不相同，甚至生活习惯也不一样，而且许多家庭用品也会随着产品的更新出现新的尺寸，这一切都意味着具体的数值其实是可以调整的。作为设计师，选择通用的常规尺寸当然不会出问题；但对于家的使用者而言，如果能够根据自身及自己家的情况，按照每一个常规尺寸得出的逻辑换算出属于自己家的尺寸，就会得到一个更适合自己的生活空间。

　　我希望这本书提供给各位读者一个了解并探索设计细节的机会。无论是设计师从中寻找灵感和参考，还是家居生活爱好者想了解一些标准尺寸，抑或正打算装修自己家的业主，都能够因为这本书而感受到设计在尺寸层面上带给家居空间的提升和改变，并且感受到这些细节背后的生活智慧，这就是我的希望。

金涤菲